Birgit Dickemann-Weber, Alexander Emmrich

Lehrbuchreihe

Fachgespräch und Präsentation Industriemeisterprüfung (IHK)

Vorbereitung auf das mündliche situationsbezogene Fachgespräch der handlungsspezifischen Qualifikationen

Band 3

Industriemeister (IHK) - Fachrichtung Metall

MINIMIERUNG VON MASCHINENAUSFALLZEITEN

DICKEMANN-WEBER
VERLAG

Bibliografische Information der Deutschen Nationalbibliothek:

Die Deutsche Nationalbibliothek verzeichnet diese Publikation in der Deutschen Nationalbibliografie. Detaillierte bibliografische Daten sind im Internet über http://dnb.d-nb.de abrufbar.

Der Text enthält in der Regel Gruppenbezeichnungen, Berufsbezeichnungen etc. nur in der männlichen Form. Dies dient der sprachlichen Vereinfachung, um sperrige Doppelformulierungen wie Industriemeister/Industriemeisterin zu vermeiden und so den Text lesbarer zu gestalten. Selbstverständlich werden Industriemeisterinnen in unserem Buch völlig gleichberechtigt angesprochen.

Keine Publikation ist perfekt und fehlerfrei. Anregungen, konstruktive Kritik und sonstige Verbesserungsvorschläge unserer Leser sind daher willkommen und werden gerne aufgenommen. Kontaktieren Sie uns bei Bedarf unter der unten genannten E-Mail-Adresse.

Fachgespräch und Präsentation Industriemeisterprüfung (IHK) Band 3 - Minimierung von Maschinenausfallzeiten (Fachrichtung Metall)

1. Auflage September 2016

ISBN 978-3-943772-62-3

Autor: Birgit Dickemann-Weber, Alexander Emmrich

Satz: Verlag Dickemann-Weber

Foto Umschlag: © Production Perig - Fotolia.com

Webseite: http://dickemann-weber.com

E-Mail: info@dickemann-weber.com

Vorwort

Liebe angehende Industriemeister und Industriemeisterinnen,

Sie stehen nun kurz vor Ihrer Prüfung im Prüfungsteil „Handlungsspezifische Qualifikationen".

In den handlungsspezifischen Qualifikationen zeigen Sie Ihre Fachkompetenz im Rahmen von **zwei schriftlichen, praxisorientierten Aufgabenstellungen,** die auf einer betrieblichen Situationsbeschreibung basieren. Abschließend folgt das **mündliche situationsbezogene Fachgespräch**.

Im **situationsbezogenen Fachgespräch** geht es darum, **situationsbedingte, praxisorientierte Aufgabenstellungen und Probleme** zu erfassen und zu strukturieren, und dementsprechend Lösungsstrategien für **typische Fragen aus dem Unternehmensalltag** zu entwickeln. Dabei werden Sie zum einen mit Ihrem Fachwissen glänzen müssen und zum anderen zeigen, dass Sie die Präsentationstechniken gut im Griff haben und es verstehen, überzeugend zu argumentieren.

Die Prüfungsanforderungen und Rahmenbedingungen der Prüfungen der „Handlungsspezifischen Qualifikationen" sind **bundeseinheitlich** in der **Prüfungsordnung** (→ Verordnung über die Prüfung zum anerkannten Abschluss Geprüfter Industriemeister / Geprüfte Industriemeisterin - Fachrichtung Metall) geregelt. Jedoch stellen sich insbesondere vor dem mündlichen situationsbezogenen Fachgespräch weitergehende Fragen wie „Wie ist der Ablauf des situationsbezogenen Fachgesprächs?", „Wie baue ich eine Präsentation auf?", „Wie können die konkreten Handlungsaufträge aussehen?", „Was soll ich anziehen?" etc.

In unserer **Lehrbuchreihe „Fachgespräch und Präsentation Industriemeisterprüfung - Vorbereitung auf das mündliche situationsbezogene Fachgespräch der handlungsspezifischen Qualifikationen"** haben wir alle wichtigen Informationen rund um das situationsbezogene Fachgespräch für Sie zusammengestellt, damit Sie sich bestens darauf vorbereiten können.

Die Bände dieser Reihe sind jeweils **auf eine bestimmte Fachrichtung ausgerichtet.** In erster Linie unterscheidet sich der allgemeine Teil mit den rechtlichen Grundlagen und Rahmenbedingungen der Prüfung von Fachrichtung zu Fachrichtung. Der Handlungsauftrag selbst ist i.A. für alle Fachrichtungen anwendbar.

Wir vom Verlag Dickemann-Weber haben noch eine Vielzahl weiterer Lehrmittel veröffentlicht, die Sie während Ihrer Weiterbildung, aber auch danach, bestens unterstützen. Neben Lehrbüchern und Frage-Antwort-Karten für die Prüfung zum Industriemeister sind bei uns auch Lehrmittel für Fachwirte, Ausbildung der Ausbilder und andere Weiterbildungskurse der IHK erschienen.

Ich wünsche allen Leserinnen und Lesern viel Freude beim Lernen und eine erfolgreiche Prüfung.

Birgit Dickemann-Weber — Erlenbach, September 2016

Autoren

Alexander Emmrich absolvierte zunächst eine Ausbildung zum Industriemechaniker bei einem großen deutschen Maschinenbaukonzern. Während der langjährigen Arbeit für das international agierenden Unternehmen war er weltweit als Monteur und Baustellenleiter tätig und sammelte dabei umfassende Erfahrungen in der Arbeitsorganisation, Inbetriebnahme und Abnahme von Maschinen und Anlagen.

Im Jahre 2015 entschloss er sich zu einer Weiterbildung zum Industriemeister Metall bei der IHK Karlsruhe.

Nach erfolgreich bestandener Prüfung arbeitet er nun bei einem Dienstleistungsunternehmen für Arbeitsschutz- und Umweltmanagement. Dort ist er als Projektleiter in den Bereichen Maschinensicherheit und Umweltmanagement sowie als Trainer und Ausbilder bei Kundenseminaren tätig.

Birgit Dickemann-Weber studierte zunächst Sozialpädagogik mit Abschluss zur Diplom-Sozialpädagogin (BA) und absolvierte danach erfolgreich an der Universität Mainz das Studium der Rechtswissenschaften mit anschließender Referendarausbildung beim Landgericht in Karlsruhe. In der Folge sammelte sie als Personalreferentin bei einem börsennotierten Unternehmen umfangreiche Erfahrungen im Personalmanagement. Qualifizierungen zur Personalentwicklerin und zur gepr. Wirtschaftsmediatorin (BA) runden ihr Profil ab.

Seit 2002 ist sie als freiberufliche Referentin und Trainerin in verschiedenen Bildungszentren der IHK in den Bereichen Recht, Personalführung und Personalentwicklung tätig und berät Unternehmen, sowie Fach- und Führungskräfte in allen Fragen des Personalmanagements. Sie ist zudem Prüferin bei der Industrie- und Handelskammer Karlsruhe.

Als Fachbuchautorin schrieb und veröffentlichte sie mehr als 30 Titel u.a. für Industriemeister.

Verlag

Der Verlag Dickemann-Weber wurde 2008 von Birgit Dickemann-Weber und Dirk Weber gegründet. Was als kleines Projekt zur Verbesserung der Weiterbildungsliteratur für IHK-Prüfungen begann, hat sich zwischenzeitlich zu einer echten Erfolgsgeschichte entwickelt. Der Verlag hat es sich zur Aufgabe gemacht, Fachliteratur zu veröffentlichen, die modern gestaltet und leicht verständlich ist. Besonders die konsequente Ausrichtung auf das Bestehen der Prüfungen steht im Fokus.

Der Verlag beschäftigt eine Reihe von hochmotivierten Mitarbeitern und arbeitet mit einer Vielzahl von Autoren zusammen. Das Unternehmen hat seinen Sitz in Erlenbach bei Kandel.

Buchreihe Fachgespräch und Präsentation

Dieses Lehrbuch ist Teil der Reihe „**Fachgespräch und Präsentation Industriemeisterprüfung - Vorbereitung auf das mündliche situationsbezogene Fachgespräch der handlungsspezifischen Qualifikationen**". Sie wendet sich an Weiterbildungsteilnehmer der IHK, die sich auf das situationsbezogene Fachgespräch als letzten Teil des Industriemeister-Abschlusses erfolgreich vorbereiten möchten.

Die **Fachgespräch-und-Präsentation-Buchreihe** führt den Leser sehr praxisnah und konkret in den Ablauf des mündlichen Prüfungsteils der handlungsspezifischen Qualifikationen (HQ) zum Industriemeister ein. Sie schildert den Ablauf der Prüfung sehr detailliert, gibt zahlreiche Tipps und Hinweise und unterstützt den Prüfungsteilnehmer darin, die gestellte Aufgabe systematisch und erfolgreich zu bearbeiten.

Das vorliegende Buch beschreibt das Vorgehen bei einer **internen Prüfungsvorbereitung**, d.h., wenn der Prüfling die Aufgabenstellung erst beim Prüfungstermin erhält. In diesem Fall erwartet den Prüfling eine unbekannte Aufgabenstellung aus dem praktischen Industriemeister-Alltag, die unter Zeitdruck (30 Minuten) praxisrelevant zu erarbeiten und anschließend zu präsentieren ist. Um Prüflingen die Angst und Unsicherheit vor dem situationsbezogenen Fachgespräch zu nehmen, bieten wir die Möglichkeit, gezielt zu üben und sich auf mögliche Prüfungsszenarien vorzubereiten.

Anders ist das Vorgehen bei einer externen Prüfungsvorbereitung. Hierbei erhält der Prüfungsteilnehmer bereits einige Wochen vor dem eigentlichen Prüfungstermin die situationsbezogene Aufgabenstellung. Er kann sich folglich in Eigenverantwortung und unter Nutzung aller Hilfsmittel vorbereiten.

Die Inhalte des Lehrbuches sind auf die bundeseinheitliche aktuelle Verordnung über die Prüfung zum anerkannten Abschluss „Geprüfter Industriemeister / Geprüfte Industriemeisterin - Fachrichtung Metall" sowie den aktuellen Rahmenplan der DIHK abgestimmt.

Hin und wieder wird statt vom **situationsbezogenen Fachgespräch** vom **situativen Fachgespräch** gesprochen. Dies ist ein synonymer Begriff. Wir verwenden in diesem Buch den geläufigeren Begriff „situationsbezogenes Fachgespräch".

Symbole

Im Buch werden folgende Symbole verwendet, um den Leser beim Durcharbeiten zu unterstützen.

AKTION:

Weist auf eine Aufgabe hin, die Sie bearbeiten sollen. Lesen Sie möglichst noch nicht unseren Lösungsvorschlag, sondern arbeiten Sie selbständig. So erhalten Sie den besten Trainingseffekt.

<u>Fachbegriff</u>

Ein unterstrichenes Wort weist auf das Glossar am Ende des Buches hin. Dort finden Sie kurze Beschreibungen dieses Fachbegriffes.

Hinweis zur Fachrichtung

Dieser **Band 3** ist für angehende Industriemeister (IHK) der **Fachrichtung Metall** konzipiert. Das bedeutet, dass die spezielle Prüfungsordnung für die Fachrichtung Metall als rechtliche Grundlage für den **Allgemeinen Teil (Kapitel I)** dieses Buch dient.

Grundsätzlich haben alle Fachrichtungen bei der handlungsspezifischen Industriemeisterprüfung ein situationsbezogenes Fachgespräch, bei dem ein Handlungsauftrag bearbeitet und präsentiert werden muss. Der Ablauf und das Vorgehen bei der Bearbeitung und der Präsentation des Handlungsauftrags sind bei allen Fachrichtungen weitestgehend identisch.

Daher ist diese Buchreihe auch für andere Fachrichtungen geeignet, die einen Handlungsauftrag erst beim Prüfungstermin erhalten. Die Kapitel II und III sind also auch von anderen Fachrichtungen voll anwendbar.

Die rechtlichen Rahmenbedingungen im Allgemeinen Teil (Kapitel I) weichen jedoch bei den anderen Fachrichtungen ab und müssen ggf. selbst erarbeitet bzw. in der entsprechenden Prüfungsordnung nachgelesen werden.

In der Reihe **Fachgespräch und Präsentation Industriemeisterprüfung** veröffentlichen wir auch für die **anderen Fachrichtungen** Bände. Sie können den Allgemeinen Teil daher auch diesen Bänden entnehmen.

Inhalt

TEIL II HANDLUNGSAUFTRAG - DIE PRAKTISCHE UMSETZUNG 37

Teil I

Allgemeines zum situationsbezogenen Fachgespräch

1 Ziel der handlungsspezifischen Prüfungen

Ziel der handlungsspezifischen Prüfungen (→ nach der Verordnung über die Prüfung zum anerkannten Abschluss Geprüfter Industriemeister / Geprüfte Industriemeisterin - Fachrichtung Metall) ist „der Nachweis der Qualifikation zum Industriemeister und damit die Befähigung,

1. in Betrieben unterschiedlicher Größe und Branchenzugehörigkeit sowie in verschiedenen Bereichen und Tätigkeitsfeldern eines Betriebes **Sach-, Organisations- und Führungsaufgaben** wahrzunehmen und
2. sich auf **verändernde** Methoden und Systeme in der Produktion, auf sich verändernde Strukturen der Arbeitsorganisation und auf neue Methoden der Organisationsentwicklung, der Personalführung und -entwicklung **flexibel einzustellen sowie den technisch-organisatorischen Wandel im Betrieb mitzugestalten**."

Besonders hervorzuheben ist die Orientierung an den sich verändernden Realitäten in den Betrieben und damit die in der Verordnung enthaltene Öffnung der Inhalte gegenüber laufenden Entwicklungen.

Der Prüfungsteil der handlungsspezifischen Qualifikationen gliedert sich folgerichtig nicht in einzelne „Fächer", sondern in folgende drei komplexe Situationsaufgaben:

1. **Schriftliche Situationsaufgabe 1** - Qualifikationsschwerpunkt Technik
   Dauer 240 Minuten
2. **Schriftliche Situationsaufgabe 2** - Qualifikationsschwerpunkt Organisation
   Dauer 240 Minuten
3. **Mündliches situationsbezogenes Fachgespräch**
   Dauer ca. 45 Minuten + Vorbereitungszeit ca. 30 Minuten

Die Prüfungsanforderungen leiten sich von den **typischen Handlungen eines Industriemeisters Metall im Betrieb** ab, die in den schriftlichen und der mündlichen Prüfung aufzuarbeiten sind.

Es geht bei allen drei handlungsspezifischen Prüfungsteilen

- um das Erfassen von betrieblichen Abläufen und
- um die Bearbeitung einer betrieblichen Aufgabenstellung in ihrem Gesamtzusammenhang.

D.h., die einzelnen Themenbereiche der handlungsspezifischen Prüfungen sind nicht streng voneinander abgegrenzt, sondern fließen inhaltlich ineinander über.

2 Prüfungsinhalte der handlungsspezifischen Qualifikationen

Die spezifische Prüfungsordnung (→ Verordnung über die Prüfung zum anerkannten Abschluss Geprüfter Industriemeister/Geprüfte Industriemeisterin - Fachrichtung Metall) enthält die Vorgaben für die Prüfung, d.h. den Prüfungsablauf und den Prüfungsinhalt.

Sie gibt vor,

- aus welchen inhaltlichen Handlungs-/Themenbereichen sich die schriftlichen Prüfungen „Situationsaufgabe 1 und 2" zusammensetzen,
- welche Fähigkeiten beim mündlichen situationsbezogenen Fachgespräch nachgewiesen werden müssen und
- wie sich die Punkteverteilung in den drei Prüfungsteilen zusammensetzt.

BEACHTE:

Lesen Sie die Prüfungsordnung und berücksichtigen Sie auch den Rahmenplan, der Ihnen mit der Anwendungstaxonomie das prüfungsrelevante Wissen und Können aufzeigt.

Überblick über die handlungsorientierten Prüfungsteile für den Geprüften Industriemeister/ die Geprüfte Industriemeisterin - Fachrichtung Metall:

Schriftliche Situationsaufgabe 1 Handlungsbereich Technik (240 Minuten)	
Qualifikationsschwerpunkt: Technik ■ Betriebstechnik ■ Fertigungstechnik ■ Montagetechnik **Punkte ca. 60**	**Qualifikationsschwerpunkt: Organisation** ■ Betriebliches Kostenwesen ■ Planungs-, Steuerungs- und Kommunikationssysteme ■ Arbeits-, Umwelt- und Gesundheitsschutz **Punkte ca. 20**
	Qualifikationsschwerpunkt: Führung und Personal ■ Personalführung ■ Personalentwicklung ■ Qualitätsmanagement **Punkte ca. 20**

Schriftliche Situationsaufgabe 2
Handlungsbereich Organisation (240 Minuten)

Qualifikationsschwerpunkt:
Organisation

- Betriebliches Kostenwesen
- Planungs-, Steuerungs- und Kommunikationssysteme
- Arbeits-, Umwelt- und Gesundheitsschutz

Punkte ca. 60

Qualifikationsschwerpunkt:
Technik

- Betriebstechnik
- Fertigungstechnik
- Montagetechnik

Punkte ca. 20

Qualifikationsschwerpunkt:
Führung und Personal

- Personalführung
- Personalentwicklung
- Qualitätsmanagement

Punkte ca. 20

Hinweis zur Ergänzungsprüfung bei Situationsaufgabe 1 und 2:

Wenn der Prüfungsteilnehmer bei **einer** schriftlichen Situationsaufgabe eine mangelhafte Leistung (nicht eine ungenügende!) erbracht und die andere schriftliche Situationsaufgabe mit mindestens ausreichend bestanden hat, besteht die Möglichkeit, die Prüfung zu retten, indem er sich einer **mündlichen Ergänzungsprüfung** unterzieht. Die mündliche Ergänzungsprüfung muss **schriftlich** bei der zuständigen IHK **beantragt** werden.

- Dauer ca. 20 Minuten
- Gewichtung schriftlich : mündlich → 2 : 1

  Die Bewertung der schriftlichen Prüfungsleistung (aus den schriftlichen Situationsaufgaben) und die der mündlichen Ergänzungsprüfung werden zu einer Note zusammengefasst. Dabei wird die Bewertung der schriftlichen Prüfungsleistung doppelt gewichtet.

WICHTIG:

Bei zumindest **einer** ungenügenden schriftlichen Prüfungsleistung (Note 6) besteht keine Möglichkeit einer mündlichen Ergänzungsprüfung! Der Prüfbereich muss (!) schriftlich wiederholt werden.

Bei mangelhaften Leistungen in **beiden** schriftlichen Situationsaufgaben ist keine Ergänzungsprüfung möglich. Auch hier müssen die beiden Prüfungsbereiche schriftlich (!) wiederholt werden.

Siehe *„3.5 Notenschlüssel der IHK" auf Seite 19.*

Mündliches situatives bzw. situationsbezogenes Fachgespräch

Qualifikationsschwerpunkt:
Führung und Personal

- Personalführung
- Personalentwicklung
- Qualitätsmanagement

Präsentation und Fachgespräch zusammen Punkte 100

Aber:

Das situationsbezogene Fachgespräch kann auch Inhalte aus den Qualifikationsschwerpunkten Technik und Organisation umfassen.

Qualifikationsschwerpunkt:
Technik:

- Betriebstechnik
- Fertigungstechnik
- Montagetechnik

Qualifikationsschwerpunkt:
Organisation

- Betriebliche Organisation und Kostenwesen
- Planungs,- Steuerungs- und Kommunikationssysteme
- Arbeits-, Umwelt- und Gesundheitsschutz

BEACHTE

Eine (mündliche) Ergänzungsprüfung ist im mündlichen situationsbezogenen Fachgespräch **nicht** möglich. Das situationsbezogene Fachgespräch kann jedoch **zweimal wiederholt** werden. Sollte die Prüfung dann immer noch nicht bestanden worden sein, ist der Teilnehmer durchgefallen.

Für die schriftliche Anmeldung zur Wiederholungsprüfung ist jeder Prüfling selbst verantwortlich. Es erfolgt keine automatische Erinnerung, Benachrichtigung oder Aufforderung durch die jeweilige IHK.

Die Anmeldung zur Wiederholungsprüfung muss innerhalb von zwei Jahren, gerechnet vom Tage der Beendigung des nicht bestandenen Prüfungsteils an, erfolgen.

3 Rechtliche Grundlagen

3.1 Kriterien aus der Prüfungsordnung

Nach § 5 Abs. 6 der Verordnung über die Prüfung zum anerkannten Abschluss Geprüfter Industriemeister/Geprüfte Industriemeisterin - Fachrichtung Metall ist das situationsbezogene Fachgespräch folgendermaßen definiert:

- Durch das situationsbezogene Fachgespräch soll der Prüfungsteilnehmer nachweisen, dass er in der Lage ist, **betriebliche Aufgabenstellungen zu analysieren, zu strukturieren und einer begründeten Lösung zuzuführen**.
- Er soll nachweisen, dass er seinen **Lösungsvorschlag** möglichst unter Einbeziehung von Präsentationstechniken **erläutern und erörtern kann**.
- Das situationsbezogene Fachgespräch hat die gleiche Struktur wie die schriftlichen Situationsaufgaben. Es stellt den Handlungsbereich in den Mittelpunkt, der nicht Kern einer schriftlichen Situationsaufgabe ist und integriert insbesondere die Qualifikationsschwerpunkte, die nicht schriftlich geprüft werden.
- Das situationsbezogene Fachgespräch soll pro Prüfungsteilnehmer mindestens 45 Minuten und höchstens 60 Minuten dauern.

Der Prüfungsteilnehmer soll folglich anhand einer betrieblichen Aufgabenstellung zeigen, dass er die Erwartungen an einen Industriemeister mit Personalverantwortung erfüllen und eine Alltagssituation lösen kann.

Der Teilnehmer erhält dazu in der mündlichen Prüfung einen sogenannten **Handlungsauftrag**, den er nach einer kurzen Vorbereitungszeit präsentieren muss. Danach folgt noch ein Fachgespräch als Dialog, in dem Fragen zur Präsentation oder anderen Bereichen gestellt werden.

3.2 Der Handlungsauftrag

Stellen Sie sich darauf ein, dass Sie geprüft werden, als wären Sie bereits Meister mit Personalverantwortung. Sie müssen dabei eine typische Alltagssituation in einem Betrieb bearbeiten und präsentieren. Die Prüfungskommission stellt dabei in der Regel die Geschäftsleitung dar.

Beachten Sie, dass der Handlungsauftrag eine Problemstellung beinhalten kann, in der Sie bisher noch keine praktische Erfahrung gesammelt haben oder vielleicht auch in Zukunft nicht sammeln werden.

Der Handlungsauftrag kann aus einer Vielzahl von **betrieblichen Situationen** ausgewählt sein.

Mögliche Themenbereiche können sein:

1. Personalplanung, Integration, Personalentwicklung, Einhaltung der dafür vorgesehenen gesetzlichen Vorschriften
2. Betriebliche Konflikte, Demotivation, Alkoholprobleme von Mitarbeitern

3. Probleme mit oder von Auszubildenden
4. Planung, Einrichtung und Instandhaltung der Betriebsmittel
5. Wirtschaftliche Zusammenhänge im Unternehmen
6. Kostenentwicklung und deren Überwachung
7. Fehlendes Informations- bzw. Kommunikationsmanagement
8. Erfüllung des Produktionsprogrammes
9. Organisation des Verantwortungsbereichs
10. Qualitätssicherung
11. Arbeitssicherheit
12. Umweltschutz
13. Informationssicherheit
14. Methodenanwendung

Es ist hilfreich, wenn Sie folgende Hinweise bei der Vorbereitung und Durchführung Ihrer Präsentation beherzigen:

- Ihr Handeln orientiert sich grundsätzlich an den Unternehmenszielen.
  Beziehen Sie Ihren Vorgesetzten und Ihre Mitarbeiter mit ein, indem Sie z.B. Ihre „neuen" Maßnahmenpläne mit allen Beteiligten absprechen und Unterstützungen festlegen.
- Vergessen Sie als Meister niemals das operative Tagesgeschäft, das vorrangig zu beachten ist, auch wenn z.B. Konflikte bestehen.
- Berücksichtigen Sie Aufwand und Nutzen Ihrer vorgeschlagenen Maßnahmen zur Lösung des Problems.
- Denken Sie an die Komplexität des Unternehmens, an die tangierenden Bereiche wie z.B. das Qualitätsmanagement, die Logistik, Ihre Abteilung, Ihre Meisterfunktion, an Ihre Gesamtaufgabe, an die Mitarbeiter und deren Funktionen und Aufgaben.
- Fassen Sie alle Maßnahmen zusammen und erwähnen Sie deutlich, dass alle Ihre Entscheidungen und Lösungen für die Zukunft nur dann erfolgreich sein können, wenn die aktuellen Rahmenbedingungen berücksichtigt werden.
- Geben Sie der Prüfungskommission ein professionelles „Bild" als Meister ab.

3.3 Bestehensregelung

Das mündliche situationsbezogene Fachgespräch ist bestanden, wenn von möglichen 100 Punkten **mindestens 50 Punkte** erreicht wurden.

Bei einem Prüfungsergebnis unter 50 Punkten gilt die Prüfung als nicht bestanden und kann zweimal wiederholt werden.

3.4 Prüfungsausschuss

Ein IHK-Prüfungsausschuss muss rechtlich aus **wenigstens drei Personen** bestehen.

Die Durchführung des Fachgesprächs in der Prüfung ist im Detail nicht in der Prüfungsordnung vorgegeben, sodass sich verschiedene Handlungsspielräume ergeben, die durch die jeweiligen Prüfungsausschüsse unterschiedlich wahrgenommen werden können.

Prüfungsausschussmitglieder

- sind erfahrene Fachpersonen, die ehrenamtlich im Prüfungsausschuss mitwirken,
- haben jeweils unterschiedliche Fachhintergründe,
- müssen in der Lage sein, fachübergreifend zu bewerten,
- müssen sich mit der Argumentation und spezifischen Lösung der Prüfungsteilnehmer ernsthaft auseinandersetzen.

Hinweis:

Der „ideale" Prüfer ist ein „Allrounder", der mehrere Fächer bewerten kann. Auch sollte er zum einen die Berufspraxis von Meistern kennen sowie zum anderen den Zusammenhang der Aufgabenteile erkennen und beurteilen können.

Grundsätzlich gilt: **Die Prüfer sind für den Prüfling und nicht gegen ihn.**

3.5 Notenschlüssel der IHK

Punkteschlüssel IHK	Note	Beschreibung
100 - 92 Punkte	1 = sehr gut	Eine den Anforderungen im besonderen Maße entsprechende Leistung.
unter 92 - 81 Punkte	2 = gut	Eine den Anforderungen voll entsprechende Leistung.
unter 81 - 67 Punkte	3 = befriedigend	Eine den Anforderungen im Allgemeinen entsprechende Leistung.
unter 67 - 50 Punkte	4 = ausreichend	Eine Leistung, die zwar Mängel aufweist, aber im Ganzen den Anforderungen entspricht.
unter 50 - 30 Punkte	5 = mangelhaft	Eine Leistung, die den Anforderungen nicht entspricht, jedoch erkennen lässt, dass die notwendigen Grundkenntnisse vorhanden sind.
unter 30 - 0 Punkte	6 = ungenügend	Eine Leistung, die den Anforderungen nicht entspricht und bei der selbst die Grundkenntnisse lückenhaft sind.

4 Rahmenbedingungen des situationsbezogenen Fachgesprächs

4.1 Prüfungseinladung

Die schriftliche Einladung zur mündlichen Prüfung gibt dem Prüfling Folgendes bekannt:

- Ort und Zeitpunkt der Prüfung,
- die Art der Prüfung,
- die Prüfungsdauer,
- die zugelassenen Hilfsmittel, wie evtl. Gesetzesbücher, Tabellenbücher,
- die Bedingungen für das Bestehen der Prüfung und
- die Regelungen über Rücktritt und Ausschluss von der Prüfung.

BEACHTE:

Pünktliches Erscheinen zur eingeladenen Uhrzeit ist ein Muss!

4.2 Organisatorischer Ablauf des situationsbezogenen Fachgesprächs

Prüfungsablauf:

Ablauf	Erläuterung	Dauer
Ausgabe der Aufgabenstellung (= Handlungsauftrag)	Am Prüfungstermin erhält der Prüfungsteilnehmer vom Prüfungsausschuss eine Aufgabenstellung. **Anmerkung:** Manche Kammern erlauben dem Prüfling, sich aus zwei Aufgaben eine Aufgabe zur Bearbeitung „blind" auszuwählen. Informieren Sie sich bei Ihrer Prüfungsabteilung, ob dies auch bei Ihnen zutrifft.	

Ablauf	Erläuterung	Dauer
Vorbereitungszeit des Prüfungsteilnehmers	Der Prüfungsteilnehmer wird in einen **separaten Raum zur Prüfungsvorbereitung** gebracht. Im Vorbereitungsraum liegen alle Präsentationsmittel bereit, wie Folien, Folienstifte, weißes Papier, Moderatorenkoffer etc., die laut Hilfsmittelliste erlaubt sind. Weitere Hilfsmittel, die laut **Hilfsmittelliste** erlaubt sind, müssen Sie selbst mitbringen, wie z. B. Gesetzestexte oder Formelsammlungen. **Hinweis:** Wenn Sie für die Vorbereitung Ihres Handlungsauftrags Leuchtstifte, Lineal oder Ähnliches benötigen, sollten Sie diese selbst mitbringen, da es nicht sicher ist, dass Ihnen diese im Vorbereitungsraum zur Verfügung stehen. Die Vorbereitung im Vorbereitungsraum findet **unter Aufsicht eines Prüfers** statt. Der Prüfungsteilnehmer hat nun ca. 30 Minuten Zeit, um Folgendes vorzubereiten: ▪ Einarbeitung in die Aufgabenstellung und Erarbeitung von Lösungsvorschlägen ▪ Visualisierung der Problemstellung und der Lösungen mit Hilfe von Präsentationsmedien (Folien, Metaplanwand, Flipchart usw.) ▪ Vorbereitung der Präsentationsdurchführung **Anmerkung:** Je nach Anzahl der Prüflinge, die zur gleichen Zeit ihr situationsbezogenes Fachgespräch bei unterschiedlichen Prüfungsausschüssen abhalten, können sich auch mehrere Prüfungsteilnehmer gleichzeitig im Vorbereitungsraum befinden.	ca. 30 Minuten
Begleitung zum Prüfungsraum und Allgemeines durch die Prüfungskommission	Im Anschluss an die Vorbereitungszeit wird der Prüfling abgeholt und in seinen Prüfungsraum gebracht. 1. In der Regel Vorstellung des Namens des Prüflings durch den Prüfungsvorsitzenden 2. Vorstellung der Mitglieder der Prüfungskommission durch den Prüfungsvorsitzenden 3. Frage nach **Befangenheit** Der Prüfungsteilnehmer ist (nach Bekanntgabe der Prüfer) zu befragen, ob er von seinem Recht zur Ablehnung eines Prüfers wegen Besorgnis der Befangenheit Gebrauch machen will.	ca. 5 Minuten

Ablauf	Erläuterung	Dauer
	Ob Befangenheit vorliegt, wird von der IHK oder dem Prüfungsausschuss entschieden. Ein befangener Prüfer wird dann durch einen unbefangenen ersetzt. **Hinweis:** Befangenheitsanträgen werden nur selten von Seiten der IHK stattgegeben! 4. Frage nach **Gesundheit** Der Prüfungsteilnehmer wird gefragt, ob er sich in der Lage fühlt, geprüft zu werden. Falls eine akute Erkrankung den Prüfungsteilnehmer zum Rücktritt zwingt, muss er diese Gründe unverzüglich schriftlich anzeigen und gegenüber der IHK nachweisen, d.h., sofort den Arzt aufsuchen und die Gründe für die Prüfungsunfähigkeit durch ein ärztliches Attest bescheinigen lassen. Die Prüfung ist dann allerdings beendet. 5. Hinweis durch den Prüfungsvorsitzenden an den Prüfungsteilnehmer: Z. B.: „Bitte organisieren Sie sich und beginnen dann mit Ihrer Präsentation".	
Präsentation	**Ungestörte** Präsentation des Lösungsvorschlags durch den Prüfungsteilnehmer. Der Prüfling präsentiert seine Lösungsansätze - ohne Unterbrechung durch die Prüfungskommission - mittels Overhead, Flipchart etc. Dies soll insgesamt nicht länger als 15 Minuten dauern.	ca. 7 - 15 Minuten
Fachgespräch	Nach Beendigung der Präsentation durch den Prüfling beginnt die **Fragestellung des Prüfungsausschusses.** Beim Fachgespräch haben die Prüfer zum einen bereits vorbereitete, allgemeingültige Fragen, die sich nicht nur auf Ihre „Fallbearbeitung" beziehen. Und zum anderen wird Ihre Präsentation als Ausgangspunkt für „neue" Fragen genommen, und zwar geht es dabei um Folgendes: ▪ Erläutern und Erörtern der Themenaussagen und Lösungen der Präsentation ▪ Weitergehende Erörterungen zum präsentierten Thema ▪ Ergänzungsfragen aus den anderen Bereichen	15 - 25 Minuten

Ablauf	Erläuterung	Dauer
Ergebnisberatung und Beendigung des situationsbezogenen Fachgesprächs	■ Wenn Sie Ihre Präsentation beendet haben, beginnt die Prüfungskommission mit der Ergebnisberatung. **Dabei sind Sie nicht anwesend.** **Hinweis:** Da einige IHKs eine **Selbsteinschätzung** von Ihnen erwarten, können Sie die Zeit „vor der Türe" für eine Reflexion nutzen. Stellen Sie Ihre Selbsteinschätzung immer nach dem Stärken-Schwächen-Profil vor. Sie spüren am besten selbst, welche Überlegungen und Entscheidungen Ihnen gut gelungen sind. Ebenso bemerken Sie unsichere Faktoren. Auch die können Sie benennen. ■ Nach der nicht öffentlichen Ergebnisberatung wird der Prüfungsteilnehmer wieder in den Prüfungsraum gebeten und ihm wird das Prüfungsergebnis mitgeteilt. **Anmerkung:** Ob der Prüfling seine konkrete erreichte Punktzahl erfährt bzw. „nur" die Information „bestanden" erhält, hängt vom jeweiligen Prüfungsausschuss bzw. der jeweiligen IHK ab, dies wird unterschiedlich gehandhabt. Wenn Sie konkret erfahren wollen, wie es Ihre IHK handhabt, fragen Sie bei Ihrer IHK-Prüfungsabteilung nach.	ca. 8 Minuten

4.3 Inhaltliche Rahmenbedingungen zum situationsbezogenen Fachgespräch

Im situationsbezogenen Fachgespräch erarbeitet der Prüfungskandidat für einen Handlungsauftrag einen konkreten Lösungsvorschlag. Diesen stellt er möglichst unter Einbeziehung von Präsentationstechniken vor. Kern des nachfolgenden Fachgesprächs ist normalerweise das Schwerpunktthema der Prüfungsaufgabe.

Hinweis:

Zumeist steht in der Ausgangssituation für den Handlungsauftrag nur, dass der Prüfling Industriemeister ist und **Prozess- und Personalverantwortung** (für Mitarbeiter und Auszubildende!) hat. Sie müssen sich folglich als **„praxiserfahrener Meister"** für alle Prozesse und insbesondere für Ihr Personal verantwortlich fühlen, auch wenn Sie bisher keine Personalverantwortung hatten und Sie auch in Zukunft keine Führungsaufgaben übernehmen möchten.

Natürlich wird von Ihnen die Kenntnis über theoretische Grundlagen, wie Führung, Motivation, Konflikte, Gruppengespräche, Personalgespräche, Personalentwicklungsgespräche, Feedbackgespräche, notwendige Kommunikation mit tangierenden Bereichen etc., sowie deren praktische Anwendung verlangt.

Maßgeblich für das situationsbezogene Fachgespräch ist die gesamte Theorie, die Sie in Ihrem Unterricht bzw. aus Fachbüchern, basierend auf dem verbindlichen Rahmenplan der DIHK, erfahren haben.

BEACHTE

Ausgehend von diesem Rahmen „Meister mit Prozess- und Personalverantwortung" gibt es beim situationsbezogenen Fachgespräch einen Input, in der Regel eine **alltägliche Situation aus dem Betriebsleben**, wie demotivierte Mitarbeiter, Arbeitsunfall, Qualitätsmängel, Konflikte etc., auf welche sich dann die Aufgabe für die Ausarbeitung bezieht.

5 Bewertungsschema

Folgende Punkte wird die Prüfungskommission insbesondere in ihre Bewertung des situationsbezogenen Fachgesprächs einfließen lassen.

Hat der Prüfungsteilnehmer ...

1. die betrieblichen und wirtschaftlichen Zusammenhänge erkannt und richtig beurteilt?
2. situationsgerechte Maßnahmen vorgeschlagen und deren Folgen richtig erkannt?
3. bei der Darstellung der Lösung sachgerecht Medien verwendet, wie Overhead, Flipchart, Metaplanwand, Tafel?
4. die anderen Handlungsbereiche (z.B. Technik und Organisation) berücksichtigt?

Hier eine Übersicht über die Hauptaspekte der Bewertung des situationsbezogenen Fachgesprächs:

Hauptaspekte der Bewertung	Inhalt	max. Punkte
Präsentation	1. **Analyse der Ausgangssituation** 2. **Aufbau und inhaltliche Struktur** ▪ zielorientierte Entwicklung des Themas, ▪ sachliche Gliederung/Strukturierung, ▪ zeitliche Gliederung der Präsentation, ▪ Logik 3. **Vollständigkeit und fachliche Kompetenz** ▪ fachliche Fakten und Gesichtspunkte, ▪ professionelle Verwendung von Fachbegriffen, ▪ Kernaussage(n), Beispiele, Begründung, ▪ roter Faden/thematisches Durchdringen, ▪ Lösungsvorschlag, Ergebnis, ▪ Alternativen, ▪ ganzheitliche Erfassung und Bearbeitung des Handlungsauftrags, ▪ Erkennen und Verstehen von Zusammenhängen 4. **Kommunikative Kompetenz** ▪ Sprachstil, ▪ Ausdrucksweise, ▪ Satzbau, ▪ Überzeugungsfähigkeit	40
Präsentationstechnik	**Präsentationstechnik** ▪ Medieneinsatz (Methodenwahl, Umgang mit Medien), ▪ Einsatz und Gestaltung der Visualisierung, ▪ Aufbau und Aussagekraft, ▪ Körpersprache	5

Hauptaspekte der Bewertung	Inhalt	max. Punkte
Fachgespräch	1. **Fachwissen** ■ Problemerfassung, ■ Einbringen fachlicher Berufserfahrung, ■ praxisorientierte Anwendung, Nutzung beruflicher Erfahrungen, ■ Argumentation und Begründung, ■ professionelle Verwendung von Fachkenntnissen und Fachbegriffen 2. **Methode** ■ Systematik und Aufbau der Argumente, ■ Struktur und Aufbau der Aussagen, ■ zielstrebige Abwicklung der Fragen, ■ Gegenüberstellung von Entscheidungskriterien (Vorteile / Nachteile) 3. **Denkweise** ■ in logischen Zusammenhängen, ■ ganzheitlich, ■ praxisorientiert, ■ Aufnahme von Einwänden von Seiten des Prüfungsausschusses 4. **Kompetenzen** ■ fachliches Wissen umsetzen können, ■ situationsbezogene Verständigung, ■ Verantwortungsbewusstsein, ■ Fähigkeit zu motivieren, ■ sicheres Auftreten und selbstbewusste Vertretung der eigenen Position	45
Gesamteindruck	1. **Gesprächsführung** ■ Gleichgewicht der Gesprächsführung, ■ Einwandsbehandlung, ■ Ausdrucksweise 2. **Gesamteindruck** ■ Gestik, ■ Mimik, ■ Sprache	10

6 Medieneinsatz

„Ein Bild sagt mehr als tausend Worte"

Der Mensch nimmt die meisten Informationen über die Augen auf.

Der Einsatz visueller Hilfsmittel beeinflusst maßgeblich den Erfolg einer Präsentation. Präsentationsmedien sollten die Wirkung des Wortes steigern und unterstützen, indem sie die Aufmerksamkeit des Zuhörers auf das Wesentliche hinlenken und dazu beitragen, seine Aufmerksamkeit aufrecht zu erhalten. Sie dienen damit der effektiveren Vermittlung komplexer Informationen.

Doch sinnvolle Visualisierung muss erlernt werden. Daher ist das Visualisieren neben dem Präsentieren mehr und mehr ein Bestandteil von Qualifizierungsmaßnahmen, zumal Visualisierungen im Betrieb an der Tagesordnung sind, wie z.B. Fluchtwege, Gefahrenhinweise, KVP-Ergebnisse, Ergebnisse von Workshops usw.

Visualisieren ist ...

- die optische Darstellung von Zahlen, Daten, Fakten, Dingen, Sachverhalten, Situationen, Zuständen.
- abstrakte Daten und Zusammenhänge in grafische bzw. visuell erfassbare Form zu bringen.

Aber, auch die professionellste Visualisierung ersetzt nicht das gesprochene Wort.

Visualisieren soll ...

- Informationen und Sachverhalte veranschaulichen und verdeutlichen und zu einem besseren Verständnis führen,
- sichtbare Bezugspunkte schaffen,
- Übersicht und Überschaubarkeit herstellen,
- den Redeaufwand verkürzen,
- Missverständnisse reduzieren,
- das Gesagte erweitern und ergänzen,
- Informationen leichter erfassbar und begreifbar machen,
- die Aufmerksamkeit der Zuhörer konzentrieren,
- den Zuhörern eine Orientierungshilfe geben und
- das Behalten fördern.

Für das Fachgespräch ist die Kombination von Visualisierung und Präsentation ein wesentlicher Faktor des Bestehens dieses Prüfungsteils.

Folgende Präsentationsmedien können typischerweise beim situationsbezogenen Fachgespräch eingesetzt werden:

Overheadprojektor (OH) und Folien	Der OH wird auch Tageslichtprojektor, Polylux oder Tageslichtschreiber genannt. Der Overheadprojektor projiziert transparente Folien an eine Leinwand. Die Folie wird auf eine horizontale, von unten beleuchtete Arbeitsfläche gelegt und mit einem Spiegel zur Leinwand umgelenkt.
Pinnwand/ Metaplanwand	Auf einer großformatigen Pinn(Steck-)wand werden Karten mit kurzen Texten/ Stichwörtern frei angeordnet. Sie werden dort mit Nadeln angepinnt und können so im Laufe der Diskussion auch immer wieder neu geordnet werden.
Flipchart	Das Flipchart besteht aus einer großen Platte, die oben eine Klemmvorrichtung für das Flipchartpapier - Größe Din A1 bis A0 - hat und auf einem transportablen Gestell steht. Auf den Flipchartbögen kann entweder der Inhalt während der Präsentation Schritt für Schritt hergeleitet und/oder schon im Vorfeld vorbereitet werden.
Whiteboard	Ein Whiteboard, auch Weißwandtafel oder weiße Tafel genannt, ist eine Weiterentwicklung der nur mit Schulkreide beschreibbaren Schultafel (= Grüntafel).

BEACHTE

Welche Medien Sie beim situationsbezogenen Fachgespräch verwenden dürfen bzw. welche Medien vom Prüfungsausschuss bevorzugt werden, müssen Sie bei Ihrer für die Prüfung zuständigen Industrie- und Handelskammer nachfragen. Dies wird je nach Kammer unterschiedlich gehandhabt.

Grundsätzlich gilt jedoch immer:

- Die visuellen Hilfsmittel müssen beherrscht und ihr Einsatz gut vorbereitet sein.
- Wählen Sie das Medium aus, mit dem Sie sich wohlfühlen.

Folgende Regeln müssen beim Medieneinsatz beachtet werden:

- Die Medien müssen überlegt eingesetzt werden.
- Im Vorfeld des Medieneinsatzes muss sich der Präsentator mit der Funktionsweise, den technischen Voraussetzungen vertraut machen und diese prüfen.
  Z.B. verfügt der Overheadprojektor über zwei funktionierende Birnen. Bitte prüfen Sie, bevor Sie mit Ihrer Präsentation anfangen, die Funktionsfähigkeit der Birnen, indem Sie ihn kurz ein- und ausschalten. Der Ausfall von beiden Birnen wurde schon von der Prüfungskommission negativ bewertet, falls diese Situation Ihre Präsentation unterbricht.
- Die Räumlichkeiten müssen auf den Medieneinsatz optimal vorbereitet sein, z.B. Lichtverhältnisse.
- Die visualisierten Inhalte müssen für den Prüfungsausschuss klar lesbar und sichtbar (freie Sicht auf das Medium) sein.

- Dem Prüfungsausschuss genügend Zeit für das Aufnehmen und Lesen geben.
- Blickkontakt zum Publikum halten. Bei der Präsentation nicht den Visualisierungen zuwenden, nicht im Bild stehen.
- Keine Informationsflut, keine ablenkenden Spielereien.
- Visualisierungen als roten Faden benutzen und Übersichtlichkeit der visualisierten Inhalte gewährleisten.

Präsentieren Sie gekonnt mit dem AIDA-Prinzip:

AIDA-Prinzip	Ziel	Mittel
Attention	Aufmerksamkeit der Zuhörer erregen	Bringen Sie ein überraschendes Bild oder Beispiel
Interest	Interesse wecken	Stellen Sie z.B. der Prüfungskommission eine bekannte, zum Thema passende Methode vor
Desire	Wunsch nach „mehr" erzeugen	Ergänzen Sie durch die Beschreibung möglicher Alternativen oder Verbesserungen
Action	Über Möglichkeiten zur Erfüllung der verbesserten Situation informieren	Einzelne Schritte erläutern, um die Prüfungskommission „mitzunehmen", um Alternativen oder Verbesserungen zu verstehen

6.1 Präsentieren mit Folien und Overheadprojektor

Mit Folien und Overheadprojektor können Sie Ihre Präsentation schnell und übersichtlich visualisieren.

Ergänzend bietet sich auch eine Kombination von Folien und Flipchart an.

Vor- und Nachteile der Präsentation mit Folien und Overheadprojektor:

Vorteile des Overheadprojektors	Nachteile des Overheadprojektors
■ Einfache Technik und Handhabung. ■ Schnelle und leichte Herstellung von Folien, denn Folien sind schnell beschriftet. ■ Flexibles und spontanes Arbeiten. ■ Änderungen der Folien und der Folienreihenfolge sind kurzfristig möglich. ■ Blickkontakt mit den Zuhörern möglich.	■ Tendenz, zu viele Folien einzusetzen. ■ Je nach Lichtstärke besteht ein Verdunkelungsproblem, d.h., je nach Lichtstärke muss der Raum eventuell stark verdunkelt werden.

Vorteile des Overheadprojektors	Nachteile des Overheadprojektors
Weitere allgemeine Vorteile: ■ Transportierbar und im Raum flexibel aufstellbar. ■ Aktive Teilnehmerbeteiligung ist möglich.	Weitere allgemeine Nachteile: ■ Hoher Materialverbrauch von Folien und Folienschreibern (Umweltschutz). ■ Projektionswand erforderlich. ■ Nicht immer freie Sicht.

Grundsätzliches zur Foliengestaltung:

- Achten Sie auf einen einheitlichen Aufbau aller Folien
  - → gleiches Design für jede Seite verwenden (Corporate Identity)
  - → ansprechendes Layout
- Jede Folie soll einen Teil des Themas darstellen
  - → jede Folie mit Überschrift versehen
- Entscheiden Sie sich für Gestaltungselemente, z.B. Grafiken, Symbole, Bilder, Diagramme
  - → grafische Elemente gezielt zur Verdeutlichung von Abläufen, Kausalitäten und Zusammenhängen einsetzen
- Jede Folie soll sich auf maximal 7 Kernaussagen beschränken
- Stichworte, kurz halten:
  - → Keine ganzen Sätze
  - → kein Fließtext
  - → nicht überfrachten
- Gut lesbare und richtige Schriftgröße, d.h., die „Zuhörer" sollen die Schrift lesen können
- Die Folien sollen nummeriert sein (spart das Suchen während der Präsentation)
- Die Grundfarben auf der Folie sind schwarz oder blau; mit rot oder grün werden Besonderheiten hervorgehoben
- Gestalterische Mittel, wie Farben und Hervorhebungen, sowie Schriftarten maßvoll nutzen, um die Übersichtlichkeit zu fördern und um Zusammenhänge zu verdeutlichen. „Trockene" Themen können durch ihren Einsatz aufgelockert werden.
- Bei logisch zusammengehörenden Informationen Blöcke bilden und gliedern
- Folie nicht bis an den Rand beschreiben

Hinweise:

- Vor der Präsentation müssen der richtige Projektionsabstand und die Schärfe eingestellt werden
- Für jede Präsentation ist es wesentlich, dass die Betrachter die Informationen schnell und zweifelsfrei erkennen können. Das ist mit Hilfe von Grafiken und Farbe besonders gut und leicht möglich.

Folien-Gestaltungsmöglichkeiten:

Einrücken mit Pfeilen, Punkten, Gedankenstrichen; Verwendung von Nummerierungen	Diese Zeichen sind Ihnen insgesamt bekannt und einfach anzuwenden. Mit diesen Zeichen vermitteln Sie eine professionelle Visualisierung. Entscheiden Sie, welches Zeichen (natürlich nur eins) Sie einsetzen möchten. ■ **Pfeile** können Verzweigungen oder Zusammenhänge verdeutlichen, ■ **Punkte/Gedankenstriche** ermöglichen eine leichtere Übersicht, ■ **Nummerierungen** bieten inhaltlich-logische Verknüpfungen, z.B. 1., 2., 3. oder a), b), c).
Visuelle Techniken	■ Grafiken, Tabellen, Diagramme (z.B. Kurven-, Torten-, Säulen- und Balkendiagramme) → Kurvendiagramme eignen sich zur Darstellung von Zeitreihen, Trends etc. → Balkendiagramme werden für vergleichende Zahlen eingesetzt, z.B. Zunahme der Mitarbeiterzahlen pro Jahr → Tortendiagramme verdeutlichen den Anteil einer Teilmenge an der Gesamtmenge in Prozent **Hinweis**: Achsenbeschriftung nicht vergessen! ■ Mindmaps, Ishikawa, ABC-Analyse, Eisenhower-Prinzip ■ Symbolik wie Fluchtweg, standardisierte Hinweise auf Gefahren und Gefährdungen ■ Qualifizierungs- und Qualitätsmatrix ■ Workflow ■ Organigramme (Diese verdeutlichen mit Hilfe einer schematischen Darstellung einen Sachverhalt und dessen Beziehungen zu einem Gesamtgedanken) ■ „Strichmännchen“, Smileys usw.
Verwendung von Farben	Folien wirken lebendiger und ansprechender, wenn man verschiedene Farben einsetzt. Auch erleichtern Farben, die Gliederung eines Textes zu erfassen bzw. wichtige Schlagwörter hervorzuheben. Daher ist die Verwendung von Farben ausdrücklich erwünscht. **Aber**: Zu viele Farben können vom Inhalt ablenken. Farben sollten daher sinnvoll und maßvoll eingesetzt werden: ■ Nicht mehr als 4 Farben pro Folie. ■ Blau und Schwarz sind am besten lesbar. ■ Farben durchgängig benutzen, d.h., gleiche Farben haben die gleiche Bedeutung, z.B. alle Überschriften blau, alle Pfeile rot. ■ Lesbarkeit des Textes beachten, Farbe und Text müssen ausreichend Kontrast bieten.

6.2 Präsentieren mit Pinnwand/Metaplanwand

Mit der Pinnwand können Sie Ihre Inhalte der Präsentation sehr schön gestalten. Ergänzend bietet sich auch eine Kombination von Pinnwand und Flipchart an.

Die Pinnwandmoderation ist auch bekannt als „Metaplan-Methode". Diese ist eingetragenes Warenzeichen der Firma Metaplan in Quickborn.

Material:

- Pinnwand/Metaplanwand:

  Die Pinnwand ist eine frei und beweglich im Raum stehende feste Schaumstofftafel, in der Regel im standardisierten Format 110 cm × 140 cm, die mit einem Packpapier bespannt ist. Das Packpapier kann mit Filzstiften beschrieben werden.

- Karten:

  Die Pinnwandkarten/Metaplankarten haben unterschiedliche Formate und sind aus festem Papier.
  Die Karten sollen in der Regel mit einem Wort (Ausnahme: höchstens drei Begriffe) beschrieben werden, mit einer Schrifthöhe, die aus der Ferne gut gelesen werden kann - also am besten ist die volle Fläche der Karte auszunutzen.

- Filzschreiber:

  Die Filzschreiber haben eine Strichdicke von 2 bis 3 mm.

- Pinnnadeln:

  Beim Anheften der Karten empfehlen sich leicht handhabbare Pinnnadeln (z.B. kurze Pinnnadeln mit großem runden Kugelkopf) . Die Nadeln stecken praktischerweise in einem Nadelkissen, das der Präsentator am Handgelenk trägt oder werden vor der Präsentation in ausreichender Zahl an den Rand der Pinnwand gesteckt.

  Hinweis:

  Das Anheften mit Nadeln will geübt sein. Die beste Methode ist es, die Nadel mit Schwung, also schnell und kräftig, in die Metaplanwand zu stecken.

Wichtig:

Statt eines Präsentationsskripts schreiben Sie Ihre zu visualisierenden Kernaussagen direkt auf die Karten.

Was ist zu beachten?

- Schreiben Sie generell mit Filzschreibern auf die Kärtchen.
- Betonen Sie Überschriften. Schreiben Sie auch hier mit den Grundfarben Schwarz oder Blau.
- Betonen Sie Besonderes mit roter Farbe.
- Schreiben Sie am besten nur ein Wort auf eine Karte - jedoch nicht mehr als 3 Worte.

- Benutzen Sie die Farben und Formen der Pinn-Karten als Organisationsmittel.
- Schreiben Sie z.B. Ordnungsbegriffe auf Sonderkarten (z.B. Kreise, Ovale usw.).
- Ein „Blitz“ zeigt Gefahr oder Widerspruch an.
- Verwenden Sie einheitliche Symbolik.
- „Clustern“ Sie, wenn Karten zusammen gehören.
- Seien Sie großzügig – lassen Sie ausreichend Freiräume.
- Wichtigkeit der „**3-T- Regel (touch, turn und talk)**“ bei der Präsentation mit Metaplanwänden, d.h. Karten anpinnen, umdrehen und dann erst zum Publikum reden.

Vorschlag zum konkreten Arbeiten mit Metaplankarten:

- Pinnen Sie die **Überschriften** vor der Präsentation (also im Vorbereitungsraum bzw. im Prüfungsraum) als visualisierte Grobstruktur **sichtbar** an.

  Hinweis:

  In einigen IHKs besteht die Möglichkeit, die Metaplanwand schon direkt **im Vorbereitungsraum** vorzubereiten und diese vorbereitete **Wand** dann in die Prüfung **mitzunehmen.** Bitte sprechen Sie Ihre IHK-Prüfungsabteilung an, ob diese Möglichkeit auch bei Ihnen besteht, falls Sie mit der Metaplanmethode präsentieren wollen.

  Wenn diese Möglichkeit nicht besteht, pinnen Sie Ihre Überschriftskarten in Ruhe auf die Metaplanwand bzw. Metaplanwände **im Prüfungsraum, bevor** Sie mit Ihrer Präsentation beginnen. Natürlich sind die Prüfer mit im Raum und schauen Ihnen eventuell auch dabei zu, aber lassen Sie sich davon nicht stören. Erst wenn Ihre Pinnwände zu Ihrer Zufriedenheit vorbereitet sind, geben Sie den Prüfern Bescheid, dass Sie nun soweit sind und Ihre Prüfung, also die Präsentation, nun beginnen kann. Die Präsentationszeit beginnt erst jetzt zu laufen.

- Ihre **weiteren Metaplankarten** können Sie
  1. an der passenden Stelle **umgedreht, also verdeckt,** anpinnen. Während der Präsentation drehen Sie dann die verdeckt hängende Karte um und pinnen sie sichtbar an.
  2. in der richtigen Reihenfolge auf einen **extra bereitgestellten Tisch ablegen**, sodass die Struktur Ihrer Präsentation übersichtlich vor Ihnen ausgebreitet ist. Während der Präsentation nehmen Sie die entsprechende Karte vom Tisch, geben einige Informationen zur Karte und pinnen sie an. Alternativ pinnen Sie zuerst die Karte an und erläutern dann erst den Inhalt.
  3. in der zu präsentierenden Reihenfolge **in der Hand behalten.** Diese pinnen Sie dann während Ihrer Präsentation an, wenn Sie einige Informationen zur Karte gegeben haben. Dabei besteht die Möglichkeit, sich Notizen auf die Rückseite der Karte zu schreiben.

- **Vorteile** dieses Vorgehens:
  Durch das „Nach-und-nach“-Anbringen der Karten erzeugen Sie Neugier beim Publikum, zudem weiß dieses durch die visualisierte Grobstruktur mit den Überschriftskarten von Anfang an, wie viel Inhalt Sie präsentieren werden.

Vor- und Nachteile der Präsentation mit Pinnwand/Metaplanwand:

Vorteile der Pinnwand	Nachteile der Pinnwand
■ Einfache Technik und Handhabung (Anpinnen). ■ Großer Spielraum zum Komponieren und Verändern. ■ Karten können umgesteckt und neu geordnet bzw. strukturiert werden. ■ Kreativitätsfördernd. ■ Flexibles und spontanes Arbeiten ist möglich. Weitere allgemeine Vorteile: ■ Aktive Teilnehmerbeteiligung ist möglich. ■ Großes Potential für Interaktion mit den Teilnehmern. ■ Pinnwände lassen sich vorbereiten. ■ Die Ergebnisse entwickeln sich zeitgleich mit der Präsentation. ■ Die Informationen sind während des Vortrags dauernd verfügbar. ■ Geeignet für eine vorbereitende Darstellung und Entwicklung.	■ Hoher Anspruch an den Präsentator. Der Umgang mit den Karten muss trainiert werden (wie Reihenfolge und Struktur der Karten, nur kurze Stichworte auf einer Karte). ■ Karten haben nur eine relativ kleine Fläche zum Beschriften. In der Regel nur Platz für ein Wort. Weitere allgemeine Nachteile: ■ Dokumentation und Speicherung der Ergebnisse ist aufwändig. ■ Nur für eine geringere Zahl Teilnehmer geeignet. ■ Aufwändige Logistik. ■ Kaum Möglichkeiten zur Wiederverwendung.

6.3 Präsentieren mit Flipchart

Das Wort Flipchart kommt aus dem Englischen. Die deutsche Übersetzung „Umblätter-Diagramm" weist bereits auf die Anwendung hin, d.h., die Visualisierung kann auf mehreren Blättern erstellt werden.

Das Flipchart ist eine Möglichkeit, die Präsentation zu gestalten. Ergänzend bietet sich das Flipchart auch als eine Kombination mit Folien für den Overheadprojektor an.

Hinweise:

- In der Gestaltung gelten die Grundsätze der Folienvisualisierung.
- Wenn Sie im Umgang mit dem Flipchart ausreichend Übung haben, können Sie auch während Ihrer Präsentation zusätzliche Visualisierungen und Informationen hinzufügen. Diese Fähigkeit wird als sehr professionell empfunden.
  Achten Sie dabei aber ganz besonders auf die Zeit bzgl. Vorbereitung und Präsentation.

Vor- und Nachteile der Präsentation mit Flipchart:

Vorteile des Flipcharts	Nachteile des Flipcharts
■ Einfache Technik und Handhabung. ■ Flexibles und spontanes Arbeiten ist möglich. Weitere allgemeine Vorteile: ■ Beschriebene Blätter können als Gesamtergebnis nebeneinander an die Wand geklebt werden. ■ Transportierbar und im Raum flexibel aufstellbar. ■ Vorfertigung der Flipchart-Blätter ist möglich. ■ Aktive Teilnehmerbeteiligung ist möglich.	■ Relativ kleine Fläche zum Beschriften. ■ Nicht für sehr große Räume geeignet. Weitere allgemeine Nachteile: ■ Dokumentation und Speicherung der Ergebnisse ist aufwändiger. ■ Nur für eine geringere Zahl Teilnehmer geeignet.

6.4 Zusammenfassung Präsentationsmedien

Es gibt kein richtiges oder falsches Präsentationsmedium. Alle Inhalte lassen sich mit allen Medien gut präsentieren. Falls Ihre zuständige Prüfungskammer der IHK daher keine bestimmten Medienwünsche vorgibt, wählen Sie sich dasjenige Präsentationsmedium aus, das Ihnen am besten liegt.

BEACHTE

Es gibt vereinzelt Kammern, die den Einsatz von **zwei Medien** bei der Präsentation verlangen. In diesem Fall könnten Sie z.B. Flipchart und Metaplanwand kombinieren, indem Sie zunächst das Ziel der Präsentation auf Flipchart visualisieren, dann auf Metaplanwand übergehen und zum Abschluss noch das Fazit auf Flipchart schreiben. So haben Sie und Ihre Zuhörer während der gesamten Präsentation das Ziel vor Augen.

Siehe auch *„5 Prüfung konkret: Präsentation mit Flipchart und mehreren Medien" auf Seite 86.*

7 Erscheinungsbild und Auftreten

Sicher sollen die Prüfer mit dem hervorgebrachten Fachwissen überzeugt werden, aber auch die Prüfer sind letztendlich nur Menschen. Den ersten Eindruck bekommen die Prüfer, wenn der Prüfling den Prüfungsraum betritt.

Dieser erste Eindruck kann nur auf der äußeren Erscheinung basieren, da man schließlich noch keine einzige Frage beantwortet hat. Wie wir selber wissen, entstehen, ohne dass man sich dagegen wehren kann, Vorurteile aufgrund der äußeren Erscheinung eines Menschen. Deshalb sollte man zur Prüfung in absolut angemessener Kleidung erscheinen, um es sich nicht von Anfang an mit den Prüfern zu verscherzen.

Zusammengefasst:

Gepflegte angemessene Kleidung in der Prüfung lassen Ihre Wertschätzung gegenüber der Prüfungssituation und gegenüber dem Prüfungsausschuss erkennen und bewirken einen positiven **ersten Eindruck** Ihrer Person.

Was heißt angemessene Kleidung?

- Angemessen bedeutet zunächst einmal, dass die Kleidung sauber und ordentlich ist.
- Das Tragen von Flipflops oder einer Baseball-Mütze ist zu unterlassen - auch kein Schwimmbadoutfit.
- Keine Jeans mit Löchern anziehen, auch wenn sie von Designern stammen.
- Verzichten Sie auf zu extreme (weibliche) Reize. Miniröcke und aufreizende Kleidung sind absolut tabu.
- Abendgala, Smoking oder Hochzeitsanzug mit Hemd und Krawatte sind übertrieben und wirken daher nicht angemessen.
- Neben einer angemessenen Kleidung beachten Sie bitte auch, dass Sie neutral riechen, d.h. nicht nach Alkohol oder nach Schweiß. Auch Kaugummikauen und beide Hände in den Hosentaschen sind während der Prüfung ein No-Go.

Beachten Sie, dass die Kleidung nur einen Teil Ihres gesamtes Erscheinungsbildes ausmacht. Denken Sie unbedingt daran, dass Sie laut Ihrem Handlungsauftrag einen Industriemeister mit Personalverantwortung darstellen und somit von Ihnen erwartet wird, dass Sie als Führungsperson handeln. Die Prüfungskommission muss den Eindruck Ihrer natürlichen Autorität gewinnen.

Achten Sie auf eine professionelle Darstellung Ihrer Person. Dazu gehört auch, dass Sie den Prüfern beim Betreten des Prüfungsraums in die Augen schauen, diese begrüßen (mit „Hallo" oder Handschlag) und evtl. anmerken, dass Sie noch kurz Metaplanwand/ Flipchart/Overheadprojektor vorbereiten, bevor es losgeht.

Teil II

Handlungsauftrag - Die praktische Umsetzung

1 Handlungsauftrag: Minimierung von Maschinenausfallzeiten

Der nachfolgend dargestellte Handlungsauftrag Minimierung von Maschinenausfallzeiten ist ein typisches Beispiel für eine Problemstellung im Rahmen des situationsbezogenen Fachgesprächs.

Die folgenden Kapitel beschäftigen sich konkret und praxisnah mit dieser Ausgangssituation und geben Ihnen wichtige Tipps und Hinweise für eine erfolgreiche Vorbereitung und Durchführung Ihrer Präsentation.

Der Lösungsansatz basiert auf unseren langjährigen Erfahrungen und stellt dar, wie der Handlungsauftrag unserer Meinung nach erfolgversprechend bearbeitet und präsentiert werden kann. Selbstverständlich existieren aber auch andere Möglichkeiten, wie Sie die Aufgabenstellung lösen können.

Im Rahmen dieser Buchreihe erscheinen viele weitere Handlungsaufträge, die auch andere Themengebiete abdecken. Weitere Informationen erhalten Sie auf unserer Webseite dickemann-weber.com.

Handlungsauftrag:

Sie sind Meister in einem Industriebetrieb und für die Fertigung von Zulieferteilen für die Automobilbranche zuständig. In Ihrer Abteilung arbeiten 37 Mitarbeiter in 2 Schichten, wobei 5 davon erst seit zwei Monaten mitarbeiten. Diese wurden aufgrund der steigenden Auftragszahlen eingestellt.

Seit einiger Zeit häufen sich in Ihrer Abteilung die Ausfallzeiten der Produktionsmaschinen.

Aufgabe:

Legen Sie der Geschäftsführung ein schlüssiges Konzept vor, mit dem Sie die Probleme in Ihrer Abteilung lösen können.

2 Vorüberlegungen bei der Bearbeitung des Falles

BEACHTE

Immer wenn Sie das Wort „AKTION" sehen, sollen Sie selbst aktiv werden. Bearbeiten Sie die angegebene Aufgabenstellung selbst. Den besten Trainingserfolg erzielen Sie, wenn Sie die von uns vorgeschlagene Lösung der Aktion zunächst nicht lesen. Nach Ihrer Bearbeitung können Sie Ihre Lösung mit der „Musterlösung" vergleichen.

Damit Sie die Aufgabenstellung zunächst selbst bearbeiten können, haben wir eine Kopiervorlage zu den nachfolgend verwendeten Tabellen im Anhang dieses Buches abgedruckt. Sie können die Kopiervorlage auch von unserer Webseite dickemann-weber.com unter der Rubrik Downloads herunterladen.

2.1 Lesen und gedankliche Vorüberlegungen

AKTION:

Lesen Sie den Text der Ausgangssituation bewusst. Versuchen Sie sich die Situation im Unternehmen bildlich vorzustellen und stimmen Sie sich auf das Szenario ein.

Während Sie den Text lesen, empfehlen wir Ihnen, sich ein „eigenes faktisches Bild" über dieses Unternehmen zu machen. Denn in der Aufgabe wird lediglich ein Unternehmen vorgestellt, welches Zulieferteile für die Automobilbranche fertigt.

Übertragen Sie Ihre individuellen Erfahrungen und Ihre bisherigen Tätigkeiten auf die von Ihnen festgelegte, neue Ausgangssituation.

Wichtig:

- Falls keine konkreten Aussagen zum Unternehmen angegeben sind, dürfen Sie selbst festlegen, in welcher „Art Unternehmen" Sie die Aufgabenstellung platzieren, um sie erfolgreich bearbeiten zu können.
  Aber, bei einem konkreten Hinweis einer Branche und Ihres Aufgabenfeldes wird von Ihnen verlangt, dass Sie sich in dieses Unternehmen und Ihren Arbeitsbereich hineindenken.
- Nutzen Sie Ihre bisherigen Erfahrungen und Ihre Stärken.
- Denken Sie daran, dass von Ihnen - als Industriemeister mit Personalverantwortung - Entscheidungen erwartet werden und Maßnahmen zur Verbesserung der Ausgangssituation getroffen werden **müssen**.

2.2 Markierungen und Notizen

AKTION:

1. **Lesen Sie den Text der Ausgangssituation noch einmal und markieren Sie sich mit einem Leuchtstift/Textmarker alle notwendigen Informationen.**

Zum Beispiel könnten Sie folgende wichtige Informationen markieren:

Sie sind Meister in einem Industriebetrieb und für die Fertigung von Zulieferteilen für die Automobilbranche zuständig. In Ihrer Abteilung arbeiten 37 Mitarbeiter in 2 Schichten, wobei 5 davon erst seit zwei Monaten mitarbeiten. Diese wurden aufgrund der steigenden Auftragszahlen eingestellt.

Seit einiger Zeit häufen sich in Ihrer Abteilung die Ausfallzeiten der Produktionsmaschinen.

ACHTUNG:

Anders als in anderen Handlungsaufträgen (z. B. Band 1 Konfliktsituation in der Arbeitsgruppe und Band 2 Eiliger Zusatzauftrag) enthält dieser Handlungsauftrag nur wenige Informationen. Es gibt bspw. keine Aussage darüber, warum es zu Ausfallzeiten an den Produktionsmaschinen gekommen ist.

Lediglich folgende Informationen sind Ihnen vorgegeben:

- → Hersteller von Zulieferteilen für die Automobilbranche
- → Sie sind Meister einer Abteilung mit 37 Mitarbeitern, wobei 5 davon erst seit zwei Monaten mitarbeiten
- → Steigende Auftragszahlen
- → Häufung der Ausfallzeiten der Produktionsmaschinen

BEACHTE

Diese Art von Handlungsauftrag **kommt** in der Prüfung recht **häufig vor**. Während in anderen Handlungsaufträgen Probleme und/oder Ursachen benannt werden, die Sie dann in Ihrer Präsentation verwenden müssen, ist der Prüfling bei dem vorliegenden Handlungsauftrag **frei in seiner Ausarbeitung**. Sie müssen also **selbst kreativ werden** und sich viele **Informationen selbst ausdenken.**

Bei diesem Handlungsauftrag müssen Sie sich viele Gedanken darüber machen, wo die Probleme im Hinblick auf die Ausfallzeiten an den Produktionsmaschinen bestehen könnten. Wenn Sie die Probleme kennen, können Sie entsprechende Lösungen kreativ erarbeiten.

Die genaue Vorgehensweise erläutern wir in der Problemanalyse in Kapitel 2.3 *„Schritt 2: Problemanalyse (Ist-Situation)" auf Seite 43.*

Hinweis:

Sie dürfen bei der Bearbeitung der Aufgabe nie das operative Tagesgeschäft vergessen, denn das ist das Wichtigste bei der Arbeit des Meisters. Das Tagesgeschäft muss erledigt werden, auch wenn es Probleme gibt.

AKTION:

2. **Spielen Sie die im Handlungsauftrag dargestellte Situation gedanklich durch oder machen Sie sich ggf. entsprechende Notizen.**

Wenn Sie gerne Notizen machen, wäre es sinnvoll, die Notizen systematisch zu strukturieren, z.B. mit einer Tabelle.

BEACHTE

Die Notizen sind ausschließlich für Sie gedacht, damit Sie keine Punkte bei der Bearbeitung vergessen, die in der Aufgabenstellung vorkommen und daher geklärt werden müssen. Sie müssen also **keinen** Schönheitswettbewerb gewinnen.

Möchten Sie den Handlungsauftrag lieber rein gedanklich durchspielen, beachten Sie bitte, dass Sie keine wichtigen Informationen aus dem Text beim schnellen, gedanklichen Durcharbeiten überlesen und daher nicht bearbeiten.

BEACHTE

Die **Vorüberlegungen** sollten **nur ca. 2 Minuten dauern**, damit Sie noch ausreichend Zeit zur Ausarbeitung und Gestaltung Ihrer Präsentationsmedien haben. Daher macht es Sinn, sich jetzt schon im Vorfeld eine Taktik zuzulegen, wie Sie bei der Bearbeitung der Präsentation logisch, fachorientiert und mit der vorgegebenen Zeit vorgehen. Wenn Sie sich bei jeder Bearbeitung der Aufgabenstellung zunächst z.B. Notizen in Tabellenform machen, werden Sie bei jeder Übung schneller und vergessen keine Informationen. **Übung macht den Meister!**

2.3 Konkrete Überlegungen zur Visualisierung mit Folien, Metaplanwand oder Flipchart

Die gedankliche Vorbereitung hat hier ihren Höhepunkt.

Das Durchdenken der folgenden drei Schritte führt Sie direkt zur Gestaltung Ihrer Präsentation. Daher ist es wichtig, dass Sie den roten Faden nie aus dem Blick verlieren.

Die meisten Handlungsaufträge lassen sich am einfachsten mit einem festen Schema gliedern, bearbeiten und präsentieren, das wir im Folgenden darstellen. Wenn Sie sich dieses Schema einprägen und mehrmals üben, wird die Präsentation ein Kinderspiel.

Mit folgendem plausiblen 3-Schritte-Schema werden Sie diesen Handlungsauftrag gedanklich bearbeiten:

→ Schritt 1:
Ziel (Soll-Situation)

→ Schritt 2:
Problemanalyse (Ist-Situation)

→ Schritt 3:
Lösungsvorschläge mit Alternativen entwickeln und sich für eine oder mehrere Lösungen entscheiden

Schritt 1: Ziel (Soll-Situation)

AKTION:

Überlegen Sie sich ganz konkret, was das Ziel des Handlungsauftrags ist.

Das Ziel könnte hier folgendermaßen formuliert werden:

Minimierung der Ausfallzeiten an den Produktionsmaschinen

oder kurz: Minimierung von Maschinenausfallzeiten

Hinweis:

Dieses Ziel stellt die Überschrift Ihrer ersten Folie dar.

BEACHTE

Wenn Sie das Ziel des Handlungsauftrags nicht erkennen und/oder nicht richtig nennen, besteht die Gefahr, dass Sie Ihre Lösungen in die falsche Richtung entwickeln, evtl. sogar das Thema verfehlen und in der Folge die Prüfung nicht bestehen.

Schritt 2: Problemanalyse (Ist-Situation)

ACHTUNG:

Dieser Handlungsauftrag fordert Sie besonders heraus, weil er nur wenige Informationen enthält, die für Ihre Präsentation wichtig sind.

Welche wichtigen Informationen stehen im Handlungsauftrag?

- Hersteller von Zulieferteilen für die Automobilbranche
- Sie sind Meister einer Abteilung mit 37 Mitarbeiter, wobei 5 davon erst seit zwei Monaten mitarbeiten
- Steigende Auftragszahlen
- Häufung der Ausfallzeiten der Produktionsmaschinen

Welche wichtigen Informationen stehen nicht im Handlungsauftrag, sind aber für die zielführende Ausführung Ihrer Präsentation ausschlaggebend?

Wie Sie sehen können, steht im Handlungsauftrag nichts darüber, warum es zu Ausfallzeiten an den Produktionsmaschinen gekommen ist.

BEACHTE

Die Darstellung der Ist-Situation ist das Herzstück jeder Ausarbeitung!

Nur wenn Sie die genauen Probleme/die genaue Ist-Situation kennen, können Sie Lösungen finden, um das Ziel (hier: Minimierung der Ausfallzeiten an den Produktionsmaschinen) zu erreichen.

Die Geschäftsleitung möchte ein Problem**lösungs**konzept (und kein Problem**ideen**konzept) von Ihnen und dafür müssen Sie die Probleme konkret kennen und benennen.

Also, werden Sie kreativ. Wählen Sie Probleme, die realistisch sind und so im normalen Arbeitsleben wirklich eintreten könnten. Denken Sie insbesondere an die im Ishikawa-Diagramm genannten Faktoren - Mensch, Maschine, Material, Methode etc.

AKTION:

Überlegen Sie sich Faktoren, warum es zu höheren Ausfallzeiten an den Maschinen gekommen ist.

Hier einige Ideen, warum es zu höheren Ausfallzeiten an den Maschinen gekommen sein könnte:

- Instandhaltung an den Maschinen wurde nicht nach Plan durchgeführt
- Mitarbeiter sind an den Maschinen überfordert

- Neue Mitarbeiter wurden nicht gut eingearbeitet
- Sehr hohe Auslastung der Maschinen
- Maschinenhersteller gewechselt und seitdem Qualitätsprobleme
- Hohe Fehlzeiten der Mitarbeiter, wodurch Mitarbeiter aus anderen Produktionsabteilungen die Arbeit übernehmen müssen
- Überlastung des Stromnetzes führt zu Stromschwankungen, wodurch es zu Ausfällen an den Produktionsmaschinen kommt
- Qualitätsmängel bei den Rohstoffen durch einen Lieferantenwechsel

BEACHTE

- Legen Sie die Ist-Situation nach Ihren Erfahrungen aus dem Arbeitsalltag **konkret** fest. Wenn der Handlungsauftrag es zulässt, wie im vorliegenden Fall, werden Sie kreativ und wählen Sie diejenigen Punkte aus, die Sie am besten präsentieren können, z.B. weil Sie diese genau so schon in Ihrem Berufsleben erlebt haben.
- **Wählen Sie gezielt 3-4 Faktoren aus.**
  Überfrachten Sie Ihre Präsentation nicht mit zu vielen Problemen, sonst verlieren Sie (und die Prüfer) den Überblick und die Präsentation läuft aus dem Ruder.
- Bei der Auswahl der Ist-Situationen ist nicht nur Ihr Wissen, sondern auch Taktik gefragt. Nehmen Sie nur die Faktoren, für die Sie gute Lösungsmöglichkeiten finden und die Sie authentisch präsentieren können.

AKTION:

Wie sieht die konkrete Problemanalyse/ Ist-Situation aus?
Wählen Sie drei bis vier Faktoren aus, warum es zu höheren Ausfallzeiten an den Maschinen gekommen ist.

Für Ihre Gedanken können Sie untenstehende Tabelle verwenden. Nutzen Sie bei Bedarf die bereits erwähnte Kopiervorlage in *„2 Kopiervorlage Ist-Situation und Lösungsvorschläge" auf Seite 105.*

Ist-Situation

BEACHTE

Dieser zweite Schritt der gedanklichen Vorarbeit ist der Wichtigste, denn nun haben Sie und die Geschäftsleitung ein **klares Bild der Ist-Situation/der konkret vorliegenden Probleme** vor Augen. Zudem ergibt sich damit **der weitere Aufbau der gewählten Visualisierung.**

So könnte Ihre konkrete Problemanalyse/ Ist-Situation aussehen:

Ist-Situation
1. Vernachlässigung der Instandhaltung der Produktionsmaschinen aufgrund der steigenden Auslastung
2. Fehlbedienung der Maschinen durch überforderte Mitarbeiter und durch suboptimale Einarbeitung der neuen Mitarbeiter
3. Überlastung der Produktionsmaschinen, um hohe Stückzahlen zu erreichen

Hinweis:

In diesem Buch haben wir uns für oben genannte Ursachen für die höheren Maschinenausfälle entschieden, da diese Faktoren typisch sind, sich gut erläutern lassen und der Prüfling leicht Lösungsvorschläge zur Verbesserung der Situation findet.

Natürlich können Sie sich auch für andere Gründe entscheiden. Je nachdem, für was Sie sich entschieden haben, verändert sich der weitere Ablauf zwar inhaltlich, jedoch nicht in der Vorgehensweise.

BEACHTE

Sie müssen später so präsentieren, als ob **die Ist-Situation real vorliegt.**

Es ist empfehlenswert, dass Sie bei der Präsentation des Handlungsauftrags erläutern, dass Sie die Probleme/Ist-Situation bei einem **gemeinsamen Gespräch** z.B. mit Ihrem Stellvertreter, mit dem Gruppensprecher, mit Ihren Mitarbeitern **ermittelt haben** und **diese Probleme/ Ist-Situation also konkret vorliegen.**

Schritt 3: Lösungsvorschläge

Wenn Sie die konkrete Ist-Situation kennen, können Sie auch Lösungen finden. Stellen Sie **mehrere Lösungsalternativen pro Problem/Situation** dar.

BEACHTE

Achten Sie zwingend darauf, dass Ihnen für die Probleme/ Ist-Situation auch Möglichkeiten für die Lösungsansätze einfallen. Wenn Ihnen keine Lösungen einfallen, dann streichen Sie das Problem und nehmen ein anderes.

Allgemeines zu den Lösungsvorschlägen:

- Erst nach reiflichen Überlegungen mit allen Betroffenen - insbesondere **Mitarbeiter, Stellvertreter, Gruppensprecher** - können Sie mit der Lösung beginnen.
- Überlegungen grundsätzlich zu den **4 „M"** (Mensch – Maschine – Material – Methode).
  - → Denken Sie bei den Lösungsvorschlägen an technische, personelle und organisatorische Maßnahmen.
    Konkret, denken Sie an KVP, Qualität, Qualifizierungsmaßnahmen, Wirtschaftlichkeit, Kosten, Innovation, Delegation, Zeitfaktor, Dauer von Bestellung bis Lieferung/Aufbau, Gruppengespräche, Meisterrunden, Arbeitszeitgestaltung (Schichten), technische und bauliche Gegebenheiten, technische Voraussetzungen für bauliche Maßnahmen, kurzfristige und langfristige Maßnahmen etc.
  - → Ihre Gedanken an Effektivität und Effizienz, Aufwand und Nutzen müssen zumindest im Ansatz unbedingt vorhanden sein.
- **Operatives Tagesgeschäft ist zwingend zu berücksichtigen,**
  d.h., bei all Ihren Überlegungen, Lösungen zu finden, muss an erster Stelle das operative Tagesgeschäft und die Fürsorge gegenüber den Mitarbeitern stehen. Also, auch bei noch so negativen Situationen im Unternehmen gibt es strikt einzuhaltende Vorgaben wie z.B. die Tagesziele im Bereich der zu produzierenden Stückzahlen, die Arbeitssicherheit, die Qualität - um nur einige zu nennen.
- Je nach Situation ist es angebracht, mit Ihrem Vorgesetzten, dem Betriebsrat, den Meisterkollegen, evtl. den Herstellern und Lieferanten, sowie der Arbeitssicherheit des Unternehmens, der Personalstelle, dem Arbeitsmediziner der Berufsgenossenschaft u.v.m. Kontakt aufzunehmen.
- Evtl. Einbindung **tangierender Bereiche** wie Instandhaltung, Qualitätsmanagement usw.
- **Delegation** und **Zielvereinbarungen** berücksichtigen.
- **Personalentwicklung** berücksichtigen,
  d.h., die Überprüfung des aktuellen Wissensstandes Ihrer Mitarbeiter, das Planen der fachlichen Fähigkeiten und Fertigkeiten sowie evtl. Qualifizierungsmaßnahmen.

AKTION:

Definieren Sie die Lösungsvorschläge.

Machen Sie sich für den vorliegenden Fall **Gedanken über Lösungsmöglichkeiten**.

Grundsätzlich können Sie auf zwei Arten an die Lösungsfindung herangehen:

- Einzelbetrachtung
- TOP-Prinzip

Einzelbetrachtung

Bei der **Einzelbetrachtung** können Sie die einzelnen Ist-Situationen getrennt voneinander angehen und jeweils mehrere Lösungsvorschläge pro Punkt der Ist-Situation erarbeiten.

Dies ist eine sehr übersichtliche und systematische Vorgehensweise. Sie ist besonders dann geeignet, wenn die Punkte der Ist-Situation **wenig Überschneidungen** besitzen und unabhängig voneinander bearbeitet werden können.

Ist-Situation	Lösungsvorschläge
1. Vernachlässigung der Instandhaltung der Produktionsmaschinen aufgrund der steigenden Auslastung	
2. Fehlbedienung der Maschinen durch überforderte Mitarbeiter und durch suboptimale Einarbeitung der neuen Mitarbeiter	
3. Überlastung der Produktionsmaschinen, um hohe Stückzahlen zu erreichen	

TOP-Prinzip

Sie können die Ist-Situation aber auch als zusammenhängendes Ganzes betrachten, das sich nicht voneinander trennen lässt, und mit dem **TOP-Prinzip** vorgehen. Hierbei wird strukturiert nach **technischen, organisatorischen und personellen Lösungen** gesucht.
Dies ist dann eine geeignete Lösung, wenn der Handlungsauftrag dies konkret wünscht, z.B. „Berücksichtigen Sie technische, organisatorische und personelle Maßnahmen."

Ist-Situation	Lösungsvorschläge
1. Vernachlässigung der Instandhaltung der Produktionsmaschinen aufgrund der steigenden Auslastung	**Technische Maßnahmen:**
2. Fehlbedienung der Maschinen durch überforderte Mitarbeiter und durch suboptimale Einarbeitung der neuen Mitarbeiter	**Organisatorische Maßnahmen:**
3. Überlastung der Produktionsmaschinen, um hohe Stückzahlen zu erreichen	**Personelle Maßnahmen:**

Ihre Ideen können Sie nun in eine der o.g. Tabellen eintragen oder auch nur gedanklich erarbeiten.

Hinweis:

Die erste Einzelbetrachtung ist hier die geeignete Herangehensweise, weil es keine gemeinsamen Lösungen für die drei Punkte der Ist-Situation gibt. Auch überschneiden sich die drei Punkte nicht miteinander.

BEACHTE

Überlegen Sie sich grundsätzlich **mehrere Lösungsmöglichkeiten** (die Sie alle in der Präsentation kurz vorstellen werden) und **entscheiden Sie sich,** welche Sie konkret umsetzen wollen.

Überlegen Sie sich, warum Sie sich für die eine Lösungsalternative und nicht für die andere entschieden haben. Diese werden Sie dann bei der Präsentation mündlich vortragen. Denn es wird von der Prüfungskommission gewünscht, dass Sie **Alternativen** berücksichtigen und diese kurz erläutern und begründen, warum Sie sie in der momentanen Situation eher ablehnen würden.

Noch etwas:

Wenn Sie in Ihrer Präsentation **Schlagwörter** (z.B. Einführung von 3-Schichtbetrieb) oder **Fachbegriffe** (z.B. Direktionsrecht, training on the job) nennen, aber nicht weiter ausführen, werden die Prüfer/die Geschäftsleitung später im Fachgespräch näher darauf eingehen. Diese lassen sich dann ganz genau erklären, was die Begriffe bedeuten und was rechtlich und organisatorisch dafür notwendig ist, um z.B. ein neues Schichtmodell einzuführen.

- Verwenden Sie also **gezielt** Begriffe, die Sie auch sicher erklären können!
- Und, **lenken Sie die Prüfer bewusst**, indem Sie Begriffe verwenden, bei denen Sie sich auskennen und die Sie gerne beim anschließenden Dialog näher erläutern können und möchten!

So könnten Ihre Lösungsvorschläge aussehen:

Ist-Situation	Lösungsvorschläge
1. Vernachlässigung der Instandhaltung der Produktionsmaschinen aufgrund der steigenden Auslastung	▪ Instandhaltungsstrategie der Produktionsmaschinen überarbeiten und an gestiegene Produktionszahlen anpassen ▪ Instandhaltung der Maschinen an eine externe Fachfirma vergeben ▪ Zusätzliches Instandhaltungspersonal einstellen
2. Fehlbedienung der Maschinen durch überforderte Mitarbeiter und durch suboptimale Einarbeitung der neuen Mitarbeiter	▪ Qualifizierungsbedarf der Mitarbeiter ermitteln und ggf. Schulungen durchführen ▪ Einarbeitungspläne für neue Mitarbeiter erstellen ▪ Arbeitsanweisungen für alle Abläufe an den Maschinen erstellen ▪ Pausenzeiten besser verteilen, um Überbelastung zu verhindern

Ist-Situation	Lösungsvorschläge
3. Überlastung der Produktionsmaschinen, um hohe Stückzahlen zu erreichen	■ Ältere Maschinen durch neue, leistungsfähigere ersetzen ■ Hochwertige Werkzeuge mit höheren Standzeiten einsetzen ■ Einführung 3-Schichtbetrieb

ACHTUNG!

Wir haben Ihnen ausführliche Überlegungen zu den Lösungsmöglichkeiten aufgezeigt. Allerdings ist die Tabelle umfangreich und kann möglicherweise von Ihnen in der zur Verfügung stehenden Zeit nicht vollständig präsentiert werden. Sie müssen sich selbst als Maßstab sehen und beurteilen, was Sie in der Präsentation schaffen können.

Nehmen Sie also sinnvolle Kürzungen vor, wenn die Lösungsvorschläge für Sie zu umfangreich sind, sodass Sie Ihre Präsentation vollständig durchführen können!

- Wir möchten Ihnen mit der Tabelle zeigen, dass es zahlreiche Lösungsmöglichkeiten gibt. Sicher haben Sie noch weitere bzw. andere Ideen – und gerade deshalb gibt es keine Musterlösung, sondern nur **Ihre** Lösung.
- Bitte beachten Sie, dass es sich um **Ihren Lösungsvorschlag** handeln muss, hinter dem **Sie** stehen müssen, denn die Prüfer werden im anschließenden Dialoggespräch Ihre Argumentationen auf den Prüfstand stellen.
- Verwenden Sie daher Ihre eigenen Ideen und gestalten Sie Ihre eigene Bearbeitung und Visualisierung. Nehmen Sie Lösungsvorschläge aus Ihrer beruflichen Praxis, die Sie gut erläutern können. Sie brauchen und sollen nicht hunderte Lösungsvorschläge benennen.
- Denken Sie an das Eisenhower-Prinzip oder die ABC-Analyse, d.h., was ist dringend und wichtig, was müssen Sie selbst erledigen, was können Sie delegieren oder terminlich verschieben.
- Unter dem Stichwort „**Glossar**" am Ende dieses Buches finden Sie Erläuterungen zu den genannten Fachbegriffen.

Nun sind Sie bestens vorbereitet, um Ihre Präsentation auf Folien, Flipchart und/oder Metaplanwand schnell und effektiv zu gestalten.

3 Prüfung konkret: Präsentation mit Folien

Auf den nächsten Seiten haben wir für Sie eine Präsentationsidee auf **Folien** ausgearbeitet und zudem in wörtlicher Rede ausformuliert, was Sie dem Prüfungsausschuss zu den einzelnen Folien **sagen könnten**.

Bitte beachten Sie, dass es sich um **eine** Ausarbeitungs- und Lösungsmöglichkeit handelt. Es gibt zahlreiche weitere Lösungsmöglichkeiten.

Wichtig ist, dass die Präsentation zu Ihnen passt!

Also, legen Sie sich Folien bereit und lassen Sie Ihrer Kreativität freien Lauf. Nur so werden Sie fit für Ihre Prüfung.

Bedenken Sie, dass Sie die Folien im Rahmen Ihrer Vorbereitungszeit schreiben müssen. Achten Sie daher darauf, dass Sie sowohl die Vorbereitung (siehe *„2 Vorüberlegungen bei der Bearbeitung des Falles" auf Seite 39*) als auch das Erstellen der Folien in der vorgegebenen Zeit schaffen müssen.

Das weitere Vorgehen

Wir haben dieses Kapitel in die zwei Phasen **Vorbereitung** und **Präsentation** unterteilt.

- Die **Vorbereitungsphase** erläutert Ihr Vorgehen im Vorbereitungsraum, d.h., Sie haben den Handlungsauftrag erhalten und Ursachen und Lösungsvorschläge erarbeitet (siehe *„2 Vorüberlegungen bei der Bearbeitung des Falles" auf Seite 39)*. Dieses gedanklich erarbeitete Konzept schreiben Sie sogleich auf Folien nieder. Dazu überlegen Sie sich konkret, was Sie in der Prüfung zu den entsprechenden Folien sagen würden.

  Wir haben Ihnen beispielhaft ausformuliert, was Sie zu den einzelnen Folien und Themenbereichen sagen könnten, sodass Sie ein besseres Gefühl und auch Verständnis dafür haben, was in der Prüfung konkret von Ihnen erwartet wird.
- Die **Präsentationsphase** stellt das Vorgehen im Prüfungsraum dar.

3.1 Vorbereitungsphase

3.1.1 Deckblatt

Finden Sie ein Deckblatt gut?

Dann schreiben Sie eins. Wenn Sie das als völligen Quatsch abtun, dann lassen Sie es bleiben. Ein Deckblatt ist nicht verpflichtend. Alles, was nicht zu Ihnen passt und Ihnen „aufgesetzt" vorkommt, merkt man Ihrer Präsentation an. Sie müssen sich mit der Ausarbeitung des Handlungsauftrages wohlfühlen.

Ein Deckblatt ist jedoch ein **guter Einstieg**, um eine mögliche Schreib- und Denkblockade zu verhindern, da dieses schnell geht und man damit auch schon die erste Folie erstellt hat.

Wichtig:

Jede Folie sollte eine **aussagekräftige Überschrift** besitzen, sodass Sie, aber auch die Prüfungsausschussmitglieder immer wissen, wo Sie sich thematisch gerade befinden.

Überlegen Sie sich also auch immer sogleich für jede Ihrer Folien eine passende Überschrift.

Für die Folie 1 würden wir Ihnen empfehlen, nicht „Deckblatt" zu verwenden, sondern besser „**Ziel**", um Ihre folgende Präsentation schon in die richtigen positiven Bahnen zu lenken.

AKTION:

Überlegen Sie sich, wie Sie das Ziel des Handlungsauftrags positiv formulieren können und schreiben Sie Ihre Idee auf eine Folie.

Hinweise:

- Das „Deckblatt" kann eine Seitenzahl enthalten, muss aber nicht. Alle anderen Folien sollten mit Seitenzahlen beschriftet sein. Dies hilft Ihnen, einen organisierten Eindruck zu hinterlassen und mühelos zu präsentieren.

- Schreiben Sie zu Ihrer eigenen Sicherheit Ihren Namen und Ihren Kurs auf das Deckblatt. Die Folien sind Prüfungsdokumente und es ist schon vorgekommen, dass Unterlagen verwechselt wurden. Aber, Name und Kurs sind keine Pflichtangaben, sodass Sie diese Angaben auch weglassen können.

AKTION:

Üben Sie Folgendes zu Hause zur Prüfungsvorbereitung:

1. Überlegen Sie sich die ersten Worte Ihrer Präsentation.
   → Stellen Sie sich im Rahmen des Handlungsauftrags vor. Halten Sie jedoch Ihre Vorstellung möglichst kurz, indem Sie z. B. nur Ihren Namen, die Abteilung, die Sie als Meister führen, und Ihre Anzahl Mitarbeiter nennen.

   Achtung: Sie stellen sich hier als (fiktiver) Meister vor der (fiktiven) Geschäftsleitung vor, nicht als reale Person.

   → Erläutern Sie den Handlungsauftrag.

   → Bauen Sie sich eine „kleine Fassade" auf, die zur Prüfung, zu Ihrer Persönlichkeit und dem Inhalt Ihrer Ausarbeitung passt.
   Wenn Sie Ihren typischen Einstieg gefunden haben, wird dies in der Prüfung eine große Hilfe für Sie sein. Die ersten Sätze sind für den ersten Eindruck die wichtigsten. Je sicherer Sie dabei sind und vor allem auf die Prüfer wirken, desto leichter wird Ihnen die Präsentation fallen.

2. Sprechen Sie nun das Überlegte laut aus, als wären Sie in der Prüfung.
   → So erkennen Sie, ob Ihnen die ersten Worte leichtfallen.

   → Berücksichtigen Sie die Lautstärke Ihrer Stimme und deren „Beweglichkeit". Stehen Sie aufrecht „mit beiden Beinen fest auf dem Boden" und hinter Ihrer Ausarbeitung. Versetzen Sie sich in die Lage der Prüfer. Reflektieren Sie: Würden Sie selbst das Auftreten und das Erarbeitete akzeptieren?

3. Üben Sie regelmäßig (und rechtzeitig vor der Prüfung) vor dem Spiegel, oder tragen Sie Ihren Vortrag einem Kollegen, einem Freund usw. vor. Gerne können Sie Ihren Vortrag mit Ihrem Smartphone aufnehmen. Beim Abspielen können Sie dann das von Ihnen Gesprochene objektiv bewerten und/oder reflektieren. Bei dieser Methode lernen Sie auch die Zeit einzuschätzen (maximal 12-15 Minuten).

Was könnten Sie (dem Prüfungsausschuss) zur Deckfolie erzählen?

1. **Vorstellung**

Hinweis zur Vorstellung:

- Der Prüfling wurde in der Regel mit persönlichem Namen bereits im organisatorischen Ablauf (siehe *„4.2 Organisatorischer Ablauf des situationsbezogenen Fachgesprächs" auf Seite 20*) vorgestellt.

- Bei der Vorstellung zur anschließenden Präsentation des Handlungsauftrages stellt sich der Prüfling nun, zum Handlungsauftrag passend, als Meister einer Abteilung vor.
- Die Prüfungskommission „spielt" die Rolle der Geschäftsleitung. Im Unternehmen kennt die Unternehmensleitung nicht unbedingt jeden Mitarbeiter.
- Also, wenn Sie sich vorstellen wollen, dann bitte kurz und knapp halten.

Sie könnten z.B. sowas sagen wie:

Für alle, die mich nicht kennen, mein Name ist Jan Mustermann.

oder

Ich heiße Jan Mustermann. Ich bin Meister in der Abteilung Produktion und zuständig für 37 Mitarbeiter.

oder

Ich heiße Jan Mustermann und bin **seit Kurzem** *Meister in der Produktion und zuständig für 37 Mitarbeiter.*

- Die Angabe, dass Sie erst seit Kurzem in der Abteilung als Meister arbeiten, bringen Sie dann, wenn Sie Sorgen haben, dass Sie sich zu sehr für vergangene Fehler rechtfertigen müssten. Dann können Sie sich als „der neue Meister" vorstellen, der sich seit Kurzem nun intensiv um positive Veränderungen bemüht, die der „alte" Meister zu verantworten hat.
- In diesem Handlungsauftrag macht es Sinn, wenn Sie erst seit Kurzem Meister in der Abteilung sind, denn überforderte Mitarbeiter, fehlerhafte Einarbeitung neuer Mitarbeiter etc. lassen die Arbeit des bisherigen Meisters in keinem guten Licht erscheinen.

2. **Handlungsauftrag nennen**

Nach Ihrer Kurzvorstellung stellen Sie bitte Ihren Handlungsauftrag so vor, dass sich die Prüfungskommission in der Rolle der Geschäftsleitung **bildlich an Ihrem Arbeitsplatz** (als Meister) **befindet**. Auch sollten Sie in Ihrem Kopf ein praktisches Bild der Fabrikhalle, der Mitarbeiter und deren Arbeitsplätze, Ihres Büros usw. erzeugt haben, um einen realistischen Verlauf der Situationsaufgabe zu erreichen.

Sie könnten z.B. sowas sagen wie:

Sie haben mir den Auftrag gegeben, mich um das Problem der gestiegenen Maschinenausfallzeiten zu kümmern. Da ich erst seit 3 Wochen Meister in der Abteilung bin, musste ich zuerst die Sachlage prüfen. Ich habe unter anderem mit mehreren Mitarbeitern gesprochen und mir die Produktionszahlen angesehen und bin dabei zu folgender Erkenntnis gekommen:

Die Auftragszahlen sind in den vergangenen 12 Monaten stark angestiegen, sodass wir aktuell eine höhere Auslastung haben als je zuvor. Der Aufwärtstrend hält nach wie vor an, was sich auch auf die allgemein gute Wirtschaftslage zurückführen lässt.

Um der steigenden Nachfrage nach unseren Produkten gerecht werden zu können, wurden schon 5 neue Mitarbeiter in meiner Abteilung eingestellt. Deren Einarbeitungsprogramm wurde nicht optimal durchgeführt, da die Meisterstelle zu dieser Zeit vakant war.

Die Ausfallzeiten an den Produktionsmaschinen sind vor allem in den letzten 8 Monaten sichtlich angestiegen. Aktuell haben wir ungefähr doppelt so viele Ausfälle wie vor einem Jahr. Das lässt auf einen Zusammenhang mit der hohen Auslastung schließen, was das aktuelle Problem aber keinesfalls rechtfertigt und wir dringend mit entsprechenden Maßnahmen gegensteuern müssen.

Auf den folgenden Folien gehe ich nun genauer auf die Ursachen der gestiegenen Maschinenausfallzeiten ein und stelle Ihnen meine Lösungsvorschläge für das Problem vor.

Alternative:

Unser Unternehmen war in den vergangenen 12 Monaten sehr erfolgreich. Die Auftragszahlen sind stark angestiegen, sodass wir aktuell eine höhere Auslastung haben als je zuvor. Auch hält der Aufwärtstrend nach wie vor an, was sich auch auf die allgemein gute Wirtschaftslage zurückführen lässt.

Leider gibt es in dieser positiven Situation auch ein Problem. Aus diesem Grund sind wir heute hier, da Sie mir den Auftrag gegeben haben, mich um das Problem der gestiegenen Maschinenausfallzeiten zu kümmern.

Da ich erst seit 3 Wochen Meister in der Abteilung bin, musste ich zuerst die Sachlage prüfen, die zu den gestiegenen Maschinenausfallzeiten geführt hat. Dazu habe ich unter anderem mit mehreren Mitarbeitern gesprochen sowie die Produktionszahlen angesehen. Ich habe festgestellt, dass die Ausfallzeiten an den Produktionsmaschinen vor allem in den letzten 8 Monaten sichtlich angestiegen sind. Aktuell haben wir ungefähr doppelt so viele Ausfälle wie vor einem Jahr. Das lässt auf einen Zusammenhang mit der hohen Auslastung schließen, was die häufigen Ausfälle aber keinesfalls rechtfertigt und wir dringend mit entsprechenden Maßnahmen gegensteuern müssen. Ich bin sicher, wenn wir die richtigen Maßnahmen einleiten, schaffen wir das.

Auf den folgenden Folien gehe ich nun genauer auf die Ursachen der gestiegenen Maschinenausfallzeiten ein und präsentiere Ihnen meine Lösungsvorschläge für das Problem.

Hinweis:

Mit dieser Art Einstieg erreichen Sie von Anfang an, die Prüfer von Ihrer positiven Haltung gegenüber Problemen zu überzeugen.

3.1.2 Ist-Situation (Problemanalyse)

BEACHTE!

Diese Folie ist die Wichtigste!

→ Denn aus den Ausführungen zur Ist-Situation ergeben sich alle weiteren Folien.

→ Auch ist damit der konkrete Aufbau der folgenden Folien vorgegeben.

AKTION:

Stellen Sie die Ist-Situation auf einer Folie dar.

Überprüfen Sie zweimal, ob Sie die Ist-Situation korrekt dargestellt und auch nichts vergessen haben.

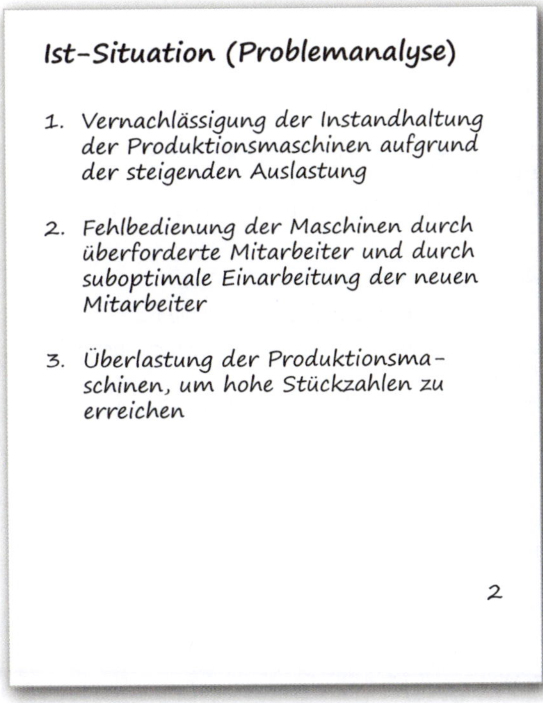

Was könnten Sie zu dieser Folie erzählen?

→ *Auf dieser Folie möchte ich Ihnen die Faktoren vorstellen, die meiner Meinung nach dazu geführt haben, dass wir aktuell so hohe Ausfallzeiten an unseren Produktionsmaschinen haben.*

→ *Als erste Ursache sehe ich hier die vernachlässigte Instandhaltung der Maschinen aufgrund der gestiegenen Auslastung. Ich habe mir die Wartungsbücher der Instandhaltung angesehen und festgestellt, dass die Wartung der Maschinen bislang zu festgesetzten Zeitpunkten - unabhängig der Stückzahlen - durchgeführt wurde. Hier müssen wir definitiv Maßnahmen ergreifen, um den gestiegenen Produktionszahlen gerecht zu werden.*

→ *Als nächsten Punkt sehe ich Fehlbedienungen der Maschinen durch überforderte Mitarbeiter als Ursache. Dies stellte sich bei mehreren Gesprächen mit den Mitarbeitern heraus. Auch wurden die neuen Mitarbeiter nicht optimal an den Maschinen eingearbeitet, wodurch es zu Fehlbedienungen und folglich zu Maschinenausfällen kam.*

→ *Als dritte Ursache für die erhöhten Ausfallzeiten lässt sich die Überlastung der Maschinen nennen. Sie werden seit Monaten dauerhaft an der Leistungsgrenze und zum Teil auch darüber betrieben. Daraus resultieren Defekte, die nicht rechtzeitig erkannt werden und dann zum Ausfall der Maschine führen und uns unnötig viel Zeit und Geld kosten. Auch hier besteht dringender Handlungsbedarf.*

→ *Auf den folgenden Folien stelle ich Ihnen meine Lösungsvorschläge zu den genannten Ursachen vor, aus denen wir kurzfristige und langfristige Maßnahmen ableiten können, um den Maschinenausfallzeiten gegenzusteuern.*

3.1.3 Lösungsvorschläge

AKTION:

Schreiben Sie nun je eine Lösungsvorschlagsfolie pro Ist-Situation (Ursache) **für die hohen Ausfallzeiten an den Produktionsmaschinen.**

Sie haben damit die Überschriften der nächsten drei Folien schon beschriftet!

Die Folienüberschriften können folgendermaßen lauten:

- Lösungsvorschläge zu Vernachlässigung der Instandhaltung
- Lösungsvorschläge zu Fehlbedienung der Maschinen durch überforderte und schlecht eingearbeitete Mitarbeiter
- Lösungsvorschläge zu Überlastung der Produktionsmaschinen

3.1.4 Lösungsvorschläge zu Vernachlässigung der Instandhaltung

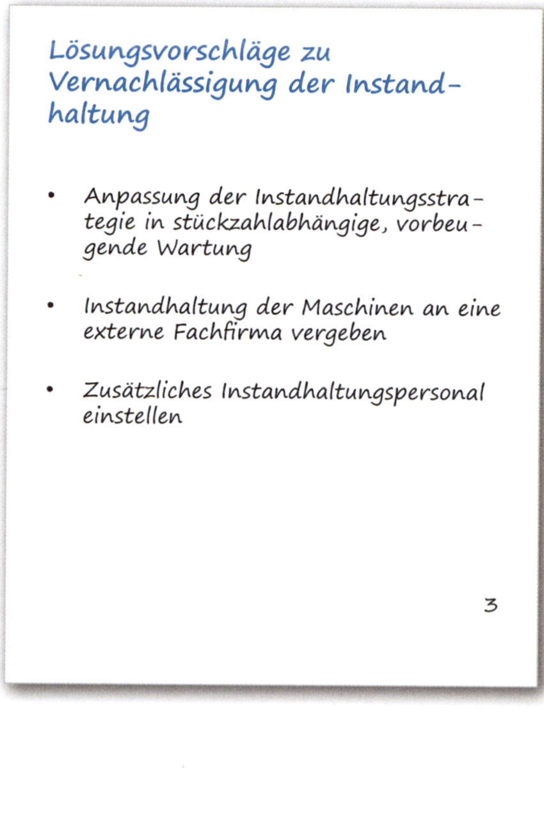

Was könnten Sie zu dieser Folie erzählen?

→ *Mein erster Lösungsvorschlag zur Ursache Nummer 1, der vernachlässigten Instandhaltung, ist eine Überarbeitung und Anpassung der Instandhaltungsstrategie. Bisher wurde kaum vorbeugende Instandhaltung betrieben, und wenn, dann zu festgelegten Zeitpunkten wie z.B. den Betriebsferien an Weihnachten. Hier sollten wir definitiv auf eine stückzahlabhängige, vorbeugende Wartung setzen, um Verschleiß frühzeitig zu erkennen. Ich habe schon mit dem Leiter der Instandhaltung gesprochen und er wird in Absprache mit den Maschinenherstellern neue Wartungspläne ausarbeiten und seine Planung anpassen.*

→ *Des Weiteren könnten wir die Instandhaltung verbessern, wenn wir die planmäßige Wartung der Produktionsmaschinen an eine externe Fachfirma vergeben. Es gibt Unternehmen, die auf solche Tätigkeiten spezialisiert sind und die über Wartungsverträge eine teilweise oder komplette Instandhaltung von Maschinen übernehmen. Da dies aber eine größere Umstrukturierung der Instandhaltungsabteilung mit sich bringen würde, sehe ich dies nicht als kurzfristige, einfach umsetzbare Lösung an und würde es daher ablehnen.*

→ *Der dritte Vorschlag zum Thema Anpassung der Instandhaltung ist die Aufstockung des Personals in der Abteilung Instandhaltung. Da die Abteilung seit Monaten voll ausgelastet ist, wäre es langfristig gesehen sinnvoll, über eine Neueinstellung zur Erhöhung der Kapazität zu entscheiden. Somit könnte man sicherstellen, dass die angepassten Wartungspläne von qualifiziertem Personal flexibel umgesetzt werden können.*

3.1.5 Lösungsvorschläge zu Fehlbedienung der Maschinen

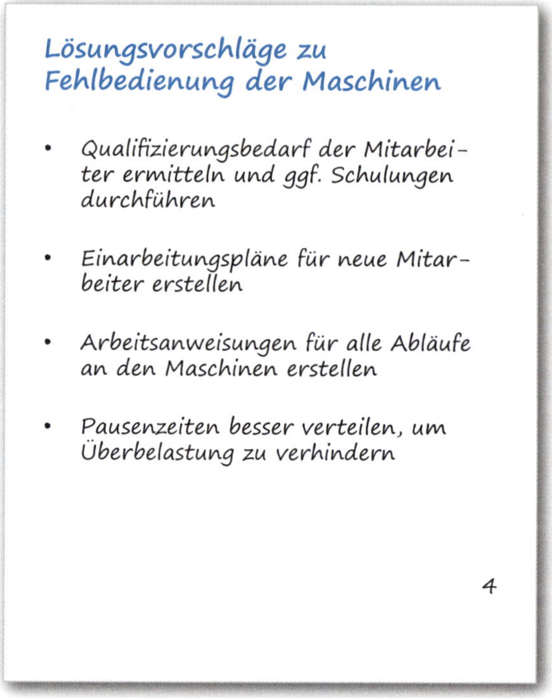

Was könnten Sie zu dieser Folie erzählen?

→ *Zur nächsten Ursache, der Fehlbedienung durch das Bedienpersonal, habe ich ebenfalls mehrere Lösungsvorschläge ausgearbeitet.*

→ *Unser aktuelles Problem führt uns hier vor Augen, dass nur gut geschulte und qualifizierte Mitarbeiter in der Lage sind, die Maschinen anweisungsgemäß zu bedienen, Fehler rechtzeitig zu erkennen und gezielt Lösungsmaßnahmen einzuleiten.*

→ *Als erstes ist der Qualifizierungsbedarf der Maschinenbediener herauszufinden, um dann gezielt, den Tätigkeiten entsprechend, Schulungsmaßnahmen durchzuführen. Ich habe bereits mit der Bedarfsermittlung begonnen und festgestellt, dass sich vor allem die älteren Mitarbeiter mit der Programmierung der neueren Maschinen schwer tun. Hier empfehle ich, als flexible und kostengünstige Möglichkeit, training on the job durchzuführen. Dafür wird nicht viel Vorlaufzeit benötigt und wir können in den nächsten Tagen und Wochen individuell damit beginnen.*

→ *Die fünf neu eingestellten Mitarbeiter haben grundsätzlich noch Defizite bei der Arbeit mit unseren Maschinen und den Arbeitsabläufen. Daher halte ich es für notwendig, dass sie ein Einarbeitungsprogramm durchlaufen, was bisher nicht stattfand, da zwischenzeitlich die Meisterstelle nicht besetzt war. Für die Zukunft ist daher ein verpflichtender Einarbeitungsplan für neue Mitarbeiter zu erstellen, damit Fehlbedienungen aufgrund von Kenntnislücken ausgeschlossen werden können.*

- → *Im Zusammenhang damit steht auch die nächste Maßnahme, die vorsieht, dass für alle Arbeiten an den Maschinen Arbeitsanweisungen geschrieben und an die Mitarbeiter ausgegeben werden. Somit können wir die Abläufe an den Maschinen standardisieren und sicherstellen, dass alle Mitarbeiter auf dem gleichen Kenntnisstand sind bzw. sich entsprechend informieren können. Dies kommt uns auch bei der Einarbeitung der neuen Mitarbeiter zugute, weshalb ich schon damit begonnen habe, die Arbeitsanweisungen zu schreiben.*
- → *Ein weiterer Vorschlag, der mit dem Bedienpersonal zusammenhängt, ist eine neue Verteilung und Flexibilisierung der Pausenzeiten. Die Mitarbeiter arbeiten z.T. 3,5 Stunden ohne Unterbrechung, bevor die 45-minütige Mittagspause beginnt. Dies kann dazu führen, dass Mitarbeiter einfach nicht mehr so aufmerksam und leistungsfähig sind. Eine bessere Verteilung der Arbeitszeit zwischen den Pausen und dem Arbeitsbeginn und -ende würde hier sicher helfen. Allerdings ist hierbei der Betriebsrat mitbestimmungspflichtig, weshalb die Maßnahme sicher nicht von heute auf morgen umzusetzen ist, man aber meiner Meinung nach auf jeden Fall darauf hinarbeiten sollte.*

Hinweis:

Wenn Sie an diesem Punkt das Schlagwort „training on the job" einstreuen, können Sie relativ sicher sein, dass Ihre Prüfer dieses Stichwort im anschließenden Fachgespräch aufgreifen und Sie danach befragen werden. Natürlich sollten Sie sich in diesem Themenfeld bestens auskennen.

3.1.6 Lösungsvorschläge zu Überlastung der Produktionsmaschinen

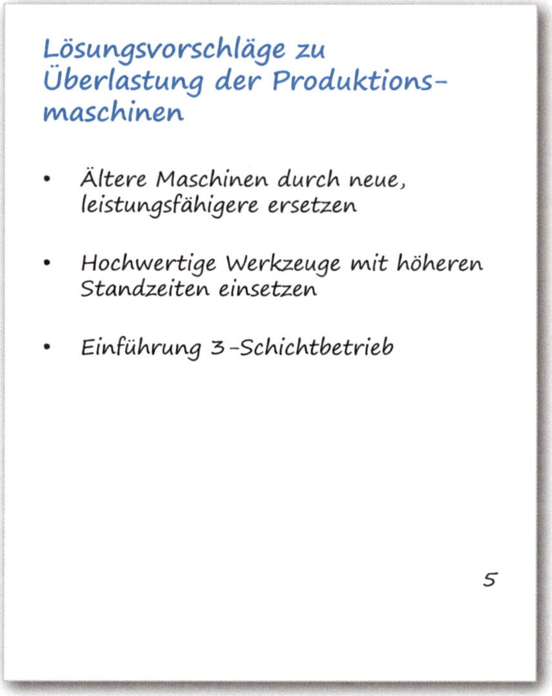

Was könnten Sie zu dieser Folie erzählen?

→ *Auf dieser Folie sehen Sie die Lösungsvorschläge zur Ursache Nummer 3, der Überlastung der Maschinen, um die Produktionszahlen erfüllen zu können.*

→ *Hierzu gibt es vor allem technische Maßnahmen.*

→ *Als erstes ist natürlich die Anschaffung von neuen, leistungsfähigeren Maschinen zu nennen. Wie Sie wissen, befinden sich in unserem Maschinenpark viele ältere Maschinen, die mit der Leistungsfähigkeit aktueller Modelle nicht mithalten können. Mit Neumaschinen würden wir die Kapazität erhöhen und könnten die Belastung der Maschinen reduzieren. Dies würde allerdings zu hohen Anschaffungskosten führen und eine strategische Veränderung bedeuten, was gut durchdacht sein muss. Daher würde ich dies nur als langfristige Maßnahme sehen, falls sich die Investition lohnt, was durchgerechnet werden müsste.*

→ *Der zweite Vorschlag ist der Einsatz von hochwertigeren Werkzeugen mit höheren Standzeiten. Da die aktuellen Werkzeuge zum Teil mit zu hohen Schnittwerten betrieben werden, um die Durchlaufzeiten zu verkürzen, kommt es hier des Öfteren zu Bruch und damit zu ungeplanten*

Ausfallzeiten. Die besseren Werkzeuge können kurzfristig beschafft werden und bedeuten keinen zu hohen Investitionsbedarf, deshalb empfehle ich diese Maßnahme umgehend einzuleiten.

→ *Als letztes schlage ich Ihnen in diesem Zusammenhang das 3-Schichtmodell vor, was die Maschinenbelegung natürlich deutlich entspannen würde. Die Maschinen könnten unterhalb der Leistungsgrenze betrieben werden und würden somit geschont. Da wir aktuell aber die Maschinen nicht auf 3 Schichten besetzen können, müssten hierfür weitere Mitarbeiter eingestellt werden. Da aufgrund der guten Wirtschaftslage und der stetig steigenden Nachfrage unserer Kunden auch langfristig mit einer hohen Auslastung unseres Betriebes zu rechnen ist, sollte diese Möglichkeit auf lange Sicht nicht außer Acht gelassen werden.*
Allerdings müssten wir hierzu erst das Einverständnis des Betriebsrates einholen und die Arbeitsverträge entsprechend prüfen und evtl. anpassen.

3.1.7 Fazit

Was könnten Sie zu dieser Folie erzählen?

→ *Natürlich stellen uns die hohen und in letzter Zeit stark gestiegenen Ausfallzeiten vor eine große Herausforderung, die wir schnell und erfolgreich meistern müssen.*

→ *Um die Leistung der Produktionsmaschinen und unserer Mitarbeiter wieder in vollem Umfang nutzen zu können, müssen wir kurzfristige, aber auch langfristige Maßnahmen umsetzen.*

→ *Ich bin mir sicher, dass wir insbesondere mit schnellen kurzfristigen Maßnahmen wie*
- *stückzahlabhängige vorbeugende Instandhaltung,*
- *training on the job unserer Mitarbeiter,*
- *Einarbeitungspläne für neue Mitarbeiter,*
- *Arbeitsanweisungen für Maschinenabläufe*
- *und der Anschaffung von hochwertigeren Werkzeugen*

→ *sowie mit langfristigen strategischen Maßnahmen wie*
- *Einstellung von weiteren Mitarbeitern in der Instandhaltung,*
- *der Anschaffung von neuen, leistungsfähigeren Maschinen, wenn sich die Investition lohnt*
- *und der Einführung des 3-Schichtmodells unter Aufstockung des Personalbestands bei den Maschinenbedienern*

→ *eine Minimierung der Ausfallzeiten unserer Produktionsmaschinen erreichen werden.*

Hinweis:

Wenn Sie wollen, können Sie die Zusammenfassung der Lösungspunkte auf eine extra Folie schreiben (Überschrift könnte z.B. „Zusammenfassung" lauten) und in der Prüfung auflegen. Bitte beim Abschluss nur noch die Punkte vorlesen und nichts mehr dazu sagen. Sie haben alles schon vorne erzählt. Die Zusammenfassung muss kurz und knapp gehalten werden, sonst wirkt sich das negativ auf Ihre Prüfungsnote aus. Denn am besten behält man sich das, was als Letztes kommt, und dies sollte daher professionell klingen.

AKTION:

Überlegen Sie sich noch einen mündlichen Abschlusshinweis.

Z. B. bedanken Sie sich noch bei der Geschäftsführung für das Zuhören und bieten an, dass Sie jetzt gerne ihre Fragen beantworten werden.

Es ist wichtig, dass Sie auf die **Fragen** nun **hinweisen**, da Sie dadurch direkt zu den Fachgesprächsfragen übergehen und folglich in Ihrer Rolle als Meister bleiben. Schließen Sie gedanklich jetzt nicht mit Ihrer Rolle ab, sondern **bleiben Sie in Ihrer Meisterrolle** nun auch im Fachgespräch.

Was könnten Sie zum Abschluss sagen?

→ *Ich bedanke mich für Ihr aufmerksames Zuhören. Gerne beantworte ich jetzt Ihre Fragen.*

oder

→ *Vielen Dank für Ihre Aufmerksamkeit. Gerne beantworte ich nun Ihre Fragen zum vorgestellten Konzept.*

3.2 Präsentation

Nach der Vorbereitung geht es jetzt zur Präsentation des Handlungsauftrags vor der Geschäftsleitung!

Sie werden - nach der Vorbereitungszeit von 30 Minuten - von einem Prüfungsausschussmitglied oder einem Mitarbeiter der IHK-Prüfungsabteilung in den Prüfungsraum gebeten.

Nehmen Sie Ihre beschriebenen Folien in sachlogischer Reihenfolge mit.

Bevor Sie nun mit Ihrer Präsentation beginnen, bereiten Sie zuerst in Ruhe Ihre Präsentation vor.

Legen Sie Ihre Folien in der richtigen Reihenfolge auf einen **extra bereitgestellten Tisch aus**, sodass die Struktur Ihrer Präsentation übersichtlich vor Ihnen ausgebreitet ist. Behalten Sie die Folien nicht in der Hand. Sie könnten durch Ihre verschwitzten Hände verwischen oder herunterfallen.

Nehmen Sie nun Ihre erste Präsentationsfolie und legen Sie sie auf den **Overheadprojektor.** Schalten Sie den Projektor kurz ein, um sicherzustellen, dass die Birnen funktionieren und überprüfen Sie, ob das Bild scharf dargestellt wird.

Während der Präsentation nehmen Sie die entsprechende nächste Folie vom Tisch und legen sie auf.

Beachten Sie, wie schon in *„6 Medieneinsatz" auf Seite 27* beschrieben, dass Sie bei der Präsentation vom Overhead ablesen und dabei Blickkontakt mit dem Prüfungsausschuss halten.

Lesen Sie nicht von der Projektionsfläche ab, da Sie sonst den Prüfern den Rücken zuwenden. Während dem Auflegen einer neuen Folie sollten Sie nicht weiterreden. Gönnen Sie sich eine Pause, das wirkt souveräner!

Geben Sie den Prüfern Bescheid, dass Sie nun soweit sind und Ihre Prüfung, also die Präsentation, nun beginnen kann. Die Präsentationszeit beginnt erst jetzt zu laufen.

AKTION:

Legen Sie nun nacheinander Ihre Folien auf und präsentieren Sie, wie Sie es in der Vorbereitungsphase ausgearbeitet haben.

Folie 1 Ziel

Wie in *„3.1.1 Deckblatt" auf Seite 50* erläutert, stellen Sie sich nun vor. Erläutern Sie dann den Handlungsauftrag.

Folie 2 Problemanalyse (Ist-Situation)

Gehen Sie nun auf die drei Probleme, also die Ist-Situation („*3.1.2 Ist-Situation (Problemanalyse)" auf Seite 54*) ein, die zu hohen Ausfallzeiten an den Produktionsmaschinen geführt hat.

Folie 3 Lösungsvorschläge zu Vernachlässigung der Instandhaltung

Erläutern Sie die von Ihnen ausgearbeiteten Lösungsvorschläge, wie in *„3.1.3 Lösungsvorschläge" auf Seite 56* beschrieben.

Folie 4 Lösungsvorschläge zu Fehlbedienung der Maschinen

Präsentieren Sie Ihre Lösungsvorschläge. Führen Sie Ihre Präsentation so durch wie sie es in *„3.1.5 Lösungsvorschläge zu Fehlbedienung der Maschinen" auf Seite 58 ausgearbeitet haben.*

Folie 5 Lösungsvorschläge zu Überlastung der Produktionsmaschinen, um hohe Stückzahlen zu erreichen

Präsentieren Sie Ihre Lösungsvorschläge (siehe *„3.1.6 Lösungsvorschläge zu Überlastung der Produktionsmaschinen" auf Seite 60).*

Folie 6 Fazit

Stellen Sie zum Schluss Ihr Fazit dar, siehe *„3.1.7 Fazit" auf Seite 61,* und vergessen Sie nicht, die Präsentation mit einem klaren Hinweis abzuschließen und auf die Fachgesprächsfragen überzuleiten.

4 Prüfung konkret: Präsentation mit Metaplanwand

Auf den nächsten Seiten haben wir für Sie die Präsentationsidee auf Metaplanwand ausgearbeitet.

Bitte beachten Sie, dass es sich um eine Ausarbeitungs- und Lösungsmöglichkeit handelt. Es gibt zahlreiche weitere Lösungsmöglichkeiten. **Wichtig ist, dass die Präsentation zu Ihnen passt!**

Also, legen Sie sich Metaplankarten bereit und lassen Sie Ihrer Kreativität freien Lauf.

Die Präsentation mittels Metaplanwand unterscheidet sich deutlich von der Präsentation mit Folie oder Flipchart. Im Gegensatz zur Präsentation mit Folie oder Flipchart können Sie nur Stichworte auf die Karten schreiben, müssen sich also extrem kurz halten. Weiterhin können Sie mit der Metaplanwand nicht „blättern". Bei Folien oder Flipchart können Sie einfach im Laufe Ihrer Präsentation die nächste oder eine vorangegangene Seite auflegen bzw. zeigen. Dies ist mit der Metaplanwand nicht möglich. Auf der Metaplanwand sind alle angepinnten Karten immer sichtbar.

AKTION:

Klären Sie im Vorfeld, ob die Möglichkeit besteht, die Metaplanwand im Vorbereitungsraum schon direkt vorzubereiten und diese vorbereitete Wand dann mit in die Prüfung zu nehmen.

Einige IHK´s erlauben dies. Daher, sprechen Sie Ihre IHK-Prüfungsabteilung an, ob diese Möglichkeit auch bei Ihnen besteht, falls Sie mit der Metaplanmethode präsentieren wollen.

- Wenn Sie die Metaplanwand aus dem Vorbereitungsraum in die Prüfung mitnehmen dürfen, dann erarbeiten Sie sich direkt an der Metaplanwand im Vorbereitungsraum Ihre Struktur und pinnen die Überschriftskarten als visualisierte Grobstruktur schon übersichtlich auf die Pinnwand.
- Wenn diese Möglichkeit nicht besteht, pinnen Sie Ihre Überschriftskarten in Ruhe auf die Metaplanwand bzw. Metaplanwände im Prüfungsraum, **bevor** Sie mit Ihrer Präsentation beginnen.

Im Folgenden haben wir uns auf die zweite Variante festgelegt, sodass Sie auf der sicheren Seite sind. In diesem Fall gestalten Sie Ihre Metaplanwand mit Ihren beschrifteten Karten direkt im Prüfungsraum.

Das weitere Vorgehen

Wir haben dieses Kapitel in die zwei Phasen Vorbereitung und Präsentation unterteilt.

- Die Vorbereitungsphase erläutert Ihr **Vorgehen im Vorbereitungsraum**, d.h., Sie haben den Handlungsauftrag erhalten und Ursachen und Lösungsvorschläge erarbeitet (siehe *„2 Vorüberlegungen bei der Bearbeitung des Falles" auf Seite 39)*. Dieses gedanklich erarbeitete Konzept schreiben Sie sogleich auf Karten nieder. Dazu überlegen Sie sich konkret, was Sie in der Prüfung zu den entsprechenden Karten sagen würden.

Wir haben Ihnen beispielhaft ausformuliert, was Sie zu den einzelnen Karten und Themenbereichen sagen könnten, sodass Sie ein besseres Gefühl und auch Verständnis dafür haben, was in der Prüfung konkret von Ihnen erwartet wird.

- Die Präsentationsphase stellt das **Vorgehen im Prüfungsraum** dar. Wie bereiten Sie die Metaplanwand und Ihre Karten vor? Wie strukturieren Sie die Karten auf der Metaplanwand, damit das Ergebnis übersichtlich aussieht und Ihre Zuhörer leicht folgen können?

4.1 Vorbereitungsphase

4.1.1 Einleitung

AKTION:

Überlegen Sie sich, wie Sie das Thema des Handlungsauftrags positiv formulieren können. Berücksichtigen Sie dabei, dass Sie auf einer Karte nur begrenzt Platz haben. Kürzen Sie daher Ihr Thema sinnvoll.

Damit sich die Themenkarte von den weiteren Karten abhebt, verwenden Sie z. B. eine große weiße Karte oder eine Wolkenkarte. Sie können das Thema auch komplett in Großbuchstaben schreiben.

Ihre Themenkarte mit dem Thema des Handlungsauftrags könnte so aussehen:

Minimierung von
Maschinenausfallzeiten

AKTION:

Üben Sie Folgendes zu Hause zur Prüfungsvorbereitung:

1. Überlegen Sie sich die ersten Worte Ihrer Präsentation.
   - → Stellen Sie sich im Rahmen des Handlungsauftrags vor. Halten Sie jedoch Ihre Vorstellung möglichst kurz, indem Sie z. B. nur Ihren Namen, die Abteilung, die Sie als Meister führen, und Ihre Anzahl Mitarbeiter nennen.

     Achtung: Sie stellen sich hier als (fiktiver) Meister vor der (fiktiven) Geschäftsleitung vor, nicht als reale Person.
   - → Erläutern Sie den Handlungsauftrag.
   - → Bauen Sie sich eine „kleine Fassade“ auf, die zur Prüfung, zu Ihrer Persönlichkeit und dem Inhalt Ihrer Ausarbeitung passt.
     Wenn Sie Ihren typischen Einstieg gefunden haben, wird dies in der Prüfung eine gro-

ße Hilfe für Sie sein. Die ersten Sätze sind für den ersten Eindruck die wichtigsten. Je sicherer Sie dabei sind und vor allem auf die Prüfer wirken, desto leichter wird Ihnen die Präsentation fallen.

2. Sprechen Sie nun das Überlegte laut aus, als wären Sie in der Prüfung.
   → So erkennen Sie, ob Ihnen die ersten Worte leichtfallen.
   → Berücksichtigen Sie die Lautstärke Ihrer Stimme und deren „Beweglichkeit". Stehen Sie aufrecht „mit beiden Beinen fest auf dem Boden" und hinter Ihrer Ausarbeitung. Versetzen Sie sich in die Lage der Prüfer. Reflektieren Sie: Würden Sie selbst das Auftreten und das Erarbeitete akzeptieren?
3. Üben Sie regelmäßig (und rechtzeitig vor der Prüfung) vor dem Spiegel, oder tragen Sie Ihren Vortrag einem Kollegen, einem Freund usw. vor. Gerne können Sie Ihren Vortrag mit Ihrem Smartphone aufnehmen. Beim Abspielen können Sie dann das von Ihnen Gesprochene objektiv bewerten und/oder reflektieren. Bei dieser Methode lernen Sie auch die Zeit einzuschätzen (maximal 12-15 Minuten).

Was könnten Sie (dem Prüfungsausschuss) zur Themenkarte erzählen?

1. **Vorstellung**

Hinweis zur Vorstellung:

→ Der Prüfling wurde in der Regel mit persönlichem Namen bereits im organisatorischen Ablauf (siehe *„4.2 Organisatorischer Ablauf des situationsbezogenen Fachgesprächs" auf Seite 20*) vorgestellt.

→ Bei der Vorstellung zur anschließenden Präsentation des Handlungsauftrages stellt sich der Prüfling nun, zum Handlungsauftrag passend, als Meister einer Abteilung vor.

→ Die Prüfungskommission „spielt" die Rolle der Geschäftsleitung. Im Unternehmen kennt die Unternehmensleitung nicht unbedingt jeden Mitarbeiter.

→ Also, wenn Sie sich vorstellen wollen, dann bitte kurz und knapp halten.

Sie könnten z.B. sowas sagen wie:

Für alle, die mich nicht kennen, mein Name ist Jan Mustermann.

oder

Ich heiße Jan Mustermann. Ich bin Meister in der Abteilung Produktion und zuständig für 37 Mitarbeiter.

oder

Ich heiße Jan Mustermann und bin seit Kurzem Meister in der Abteilung Produktion und zuständig für 37 Mitarbeiter.

- Die Angabe, dass Sie erst seit Kurzem in der Abteilung als Meister arbeiten, bringen Sie dann, wenn Sie Sorgen haben, dass Sie sich zu sehr für vergangene Fehler rechtfertigen müssten. Dann können Sie sich als „der neue Meister" vorstellen, der sich seit Kurzem nun intensiv um positive Veränderungen bemüht, die der „alte" Meister zu verantworten hat.
- In diesem Handlungsauftrag macht es Sinn, wenn Sie erst seit Kurzem Meister in der Abteilung sind, denn überforderte Mitarbeiter, fehlerhafte Einarbeitung neuer Mitarbeiter etc. lassen die Arbeit des bisherigen Meisters in keinem guten Licht erscheinen.

2. **Handlungsauftrag nennen**

Nach Ihrer Kurzvorstellung stellen Sie bitte Ihren Handlungsauftrag so vor, dass sich die Prüfungskommission in der Rolle der Geschäftsleitung **bildlich an Ihrem Arbeitsplatz** (als Meister) **befindet**. Auch sollten Sie in Ihrem Kopf ein praktisches Bild der Fabrikhalle, der Mitarbeiter und deren Arbeitsplätze, Ihres Büros usw. erzeugt haben, um einen realistischen Verlauf der Situationsaufgabe zu erreichen.

Sie könnten z.B. sowas sagen wie:

Sie haben mir den Auftrag gegeben, mich um das Problem der gestiegenen Maschinenausfallzeiten zu kümmern. Da ich erst seit 3 Wochen Meister in der Abteilung bin, musste ich zuerst die Sachlage prüfen. Ich habe unter anderem mit mehreren Mitarbeitern gesprochen und mir die Produktionszahlen angesehen und bin dabei zu folgender Erkenntnis gekommen:

Die Auftragszahlen sind in den vergangenen 12 Monaten stark angestiegen, sodass wir aktuell eine höhere Auslastung haben als je zuvor. Der Aufwärtstrend hält nach wie vor an, was sich auch auf die allgemein gute Wirtschaftslage zurückführen lässt.

Um der steigenden Nachfrage nach unseren Produkten gerecht werden zu können, wurden schon 5 neue Mitarbeiter in meiner Abteilung eingestellt. Deren Einarbeitungsprogramm wurde nicht optimal durchgeführt, da die Meisterstelle zu dieser Zeit vakant war.

Die Ausfallzeiten an den Produktionsmaschinen sind vor allem in den letzten 8 Monaten sichtlich angestiegen. Aktuell haben wir ungefähr doppelt so viele Ausfälle wie vor einem Jahr. Das lässt auf einen Zusammenhang mit der hohen Auslastung schließen, was das aktuelle Problem aber keinesfalls rechtfertigt und wir dringend mit entsprechenden Maßnahmen gegensteuern müssen.

Auf den folgenden Karten gehe ich nun genauer auf die Ursachen der gestiegenen Maschinenausfallzeiten ein und stelle Ihnen meine Lösungsvorschläge für das Problem vor.

Alternative:

Unser Unternehmen war in den vergangenen 12 Monaten sehr erfolgreich. Die Auftragszahlen sind stark angestiegen, sodass wir aktuell eine höhere Auslastung haben als je zuvor. Auch hält der Aufwärtstrend nach wie vor an, was sich auch auf die allgemein gute Wirtschaftslage zurückführen lässt.

Leider gibt es in dieser positiven Situation auch ein Problem. Aus diesem Grund sind wir heute hier, da Sie mir den Auftrag gegeben haben, mich um das Problem der gestiegenen Maschinenausfallzeiten zu kümmern.

Da ich erst seit 3 Wochen Meister in der Abteilung bin, musste ich zuerst die Sachlage prüfen, die zu den gestiegenen Maschinenausfallzeiten geführt hat. Dazu habe ich unter anderem mit mehreren Mitarbeitern gesprochen sowie die Produktionszahlen angesehen. Ich habe festgestellt, dass die Ausfallzeiten an den Produktionsmaschinen vor allem in den letzten 8 Monaten sichtlich angestiegen sind. Aktuell haben wir ungefähr doppelt so viele Ausfälle wie vor einem Jahr. Das lässt auf einen Zusammenhang mit der hohen Auslastung schließen, was die häufigen Ausfälle aber keinesfalls rechtfertigt und wir dringend mit entsprechenden Maßnahmen gegensteuern müssen. Ich bin sicher, wenn wir die richtigen Maßnahmen einleiten, schaffen wir das.

Auf den folgenden Karten gehe ich nun genauer auf die Ursachen der gestiegenen Maschinenausfallzeiten ein und präsentiere Ihnen meine Lösungsvorschläge für das Problem.

Hinweis:

Mit dieser Art Einstieg erreichen Sie von Anfang an, die Prüfer von Ihrer positiven Haltung gegenüber Problemen zu überzeugen.

4.1.2 Ist-Situation (Problemanalyse)

BEACHTE!

Diese Karten sind sehr wichtig!

→ Denn aus den Ausführungen zur Ist-Situation ergeben sich alle weiteren Karten.

→ Auch ist damit der konkrete Aufbau der folgenden Karten vorgegeben.

AKTION:

Stellen Sie jede Ist-Situation auf einer Karte dar.

Überprüfen Sie zweimal, ob Sie die Ist-Situation korrekt dargestellt und auch nichts vergessen haben.

Schreiben Sie auch eine Überschriftskarte, die Sie später dann über die Ist-Situationskarten pinnen. Das erleichtert es den Zuschauern, Ihnen zu folgen.

Hinweis:

Schreiben Sie so groß wie möglich, damit die Karten gut leserlich sind. Sollten die Texte aus Ihrer vorbereitenden Ausarbeitung für ein Thema zu lang sein, kürzen Sie diese sinnvoll.

So könnten Ihre Karten für die Ist-Situation aussehen:

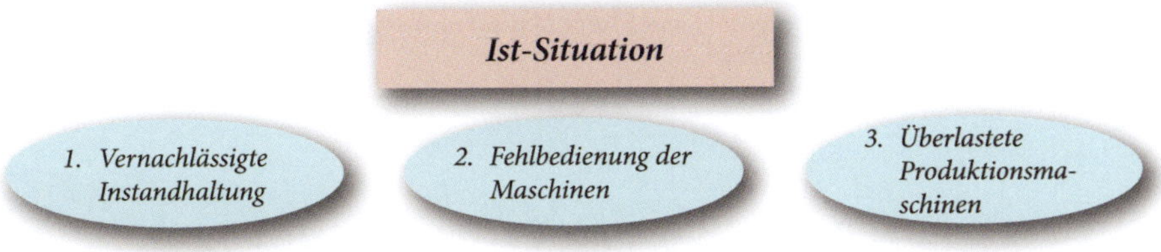

BEACHTE

Nutzen Sie die Vorteile der Metaplanwand und verwenden Sie verschiedenfarbige Karten in verschiedenen Formen. Halten Sie sich aber an ein System, z. B. **gleiches Thema, gleiche Farbe.**

Hinweis:

Wir nutzen in diesem Präsentationsvorschlag

- Wolkenkarte bzw. weiße, große Karte für das Thema des Handlungsauftrags,
- große hellrote, rechteckige Karten für die Überschriften (→ Ist-Situation und Lösungsvorschläge),
- blaue, ovale Karten für die einzelnen Aspekte der Ist-Situation,
- grüne, rechteckige Karten für die Lösungsvorschläge.

Was könnten Sie zu diesen Karten erzählen?

→ *Ich möchte Ihnen die Faktoren vorstellen, die meiner Meinung nach dazu geführt haben, dass wir aktuell so hohe Ausfallzeiten an unseren Produktionsmaschinen haben.*

→ *Als erste Ursache sehe ich hier die vernachlässigte Instandhaltung der Maschinen aufgrund der gestiegenen Auslastung. Ich habe mir die Wartungsbücher der Instandhaltung angesehen und festgestellt, dass die Wartung der Maschinen bislang zu festgesetzten Zeitpunkten - unabhängig der Stückzahlen - durchgeführt wurde. Hier müssen wir definitiv Maßnahmen ergreifen, um den gestiegenen Produktionszahlen gerecht zu werden.*

→ *Als nächsten Punkt sehe ich Fehlbedienungen der Maschinen durch überforderte Mitarbeiter als Ursache. Dies stellte sich bei mehreren Gesprächen mit den Mitarbeitern heraus. Auch wurden die neuen Mitarbeiter nicht optimal an den Maschinen eingearbeitet, wodurch es zu Fehlbedienungen und folglich zu Maschinenausfällen kam.*

→ *Als dritte Ursache für die erhöhten Ausfallzeiten lässt sich die Überlastung der Maschinen nennen. Sie werden seit Monaten dauerhaft an der Leistungsgrenze und zum Teil auch darüber betrieben. Daraus resultieren Defekte, die nicht rechtzeitig erkannt werden und dann zum Ausfall der Maschine führen und uns unnötig viel Zeit und Geld kosten. Auch hier besteht dringender Handlungsbedarf.*

→ *Auf den folgenden Karten stelle ich Ihnen meine Lösungsvorschläge zu den genannten Ursachen vor, aus denen wir kurzfristige und langfristige Maßnahmen ableiten können, um den Maschinenausfallzeiten gegenzusteuern.*

4.1.3 Lösungsvorschläge zu Vernachlässigung der Instandhaltung

AKTION:

Schreiben Sie nun die Karten mit Ihren Lösungsvorschlägen zur Vernachlässigung der Instandhaltung.

So könnten Ihre Karten der „Lösungsvorschläge zu Vernachlässigung der Instandhaltung" aussehen:

Lösungsvorschläge

vorbeugende Instandhaltung

externe Fachfirma

Instandhaltungspersonal einstellen

Was könnten Sie zu diesen Karten erzählen?

- → *Mein erster Lösungsvorschlag zur Ursache Nummer 1, der vernachlässigten Instandhaltung, ist eine Überarbeitung und Anpassung der Instandhaltungsstrategie. Bisher wurde kaum vorbeugende Instandhaltung betrieben, und wenn, dann zu festgelegten Zeitpunkten wie z.B. den Betriebsferien an Weihnachten. Hier sollten wir definitiv auf eine stückzahlabhängige, vorbeugende Wartung setzen, um Verschleiß frühzeitig zu erkennen. Ich habe schon mit dem Leiter der Instandhaltung gesprochen und er wird in Absprache mit den Maschinenherstellern neue Wartungspläne ausarbeiten und seine Planung anpassen.*
- → *Des Weiteren könnten wir die Instandhaltung verbessern, wenn wir die planmäßige Wartung der Produktionsmaschinen an eine externe Fachfirma vergeben. Es gibt Unternehmen, die auf solche Tätigkeiten spezialisiert sind und die über Wartungsverträge eine teilweise oder komplette Instandhaltung von Maschinen übernehmen. Da dies aber eine größere Umstrukturierung der Instandhaltungsabteilung mit sich bringen würde, sehe ich dies nicht als kurzfristige, einfach umsetzbare Lösung an und würde es daher ablehnen.*
- → *Der dritte Vorschlag zum Thema Anpassung der Instandhaltung ist die Aufstockung des Personals in der Abteilung Instandhaltung. Da die Abteilung seit Monaten voll ausgelastet ist, wäre es langfristig gesehen sinnvoll, über eine Neueinstellung zur Erhöhung der Kapazität zu entscheiden. Somit könnte man sicherstellen, dass die angepassten Wartungspläne von qualifiziertem Personal flexibel umgesetzt werden können.*

4.1.4 Lösungsvorschläge zu Fehlbedienung der Maschinen

AKTION:

Schreiben Sie nun die Karten mit Ihren Lösungsvorschlägen zu Fehlbedienung der Maschinen.

So könnten Ihre Karten der „Lösungsvorschläge zu Fehlbedienung der Maschinen" aussehen:

Lösungsvorschläge

Qualifizierungsbedarf ermitteln

Einarbeitungspläne erstellen

Arbeitsanweisungen erstellen

Pausenzeiten flexibilisieren

Was könnten Sie zu diesen Karten erzählen?

→ *Zur nächsten Ursache, der Fehlbedienung durch das Bedienpersonal, habe ich ebenfalls mehrere Lösungsvorschläge ausgearbeitet.*

→ *Unser aktuelles Problem führt uns hier vor Augen, dass nur gut geschulte und qualifizierte Mitarbeiter in der Lage sind, die Maschinen anweisungsgemäß zu bedienen, Fehler rechtzeitig zu erkennen und gezielt Lösungsmaßnahmen einzuleiten.*

→ *Als erstes ist der Qualifizierungsbedarf der Maschinenbediener herauszufinden, um dann gezielt, den Tätigkeiten entsprechend, Schulungsmaßnahmen durchzuführen. Ich habe bereits mit der Bedarfsermittlung begonnen und festgestellt, dass sich vor allem die älteren Mitarbeiter mit der Programmierung der neueren Maschinen schwer tun. Hier empfehle ich, als flexible und kostengünstige Möglichkeit, training on the job durchzuführen. Dafür wird nicht viel Vorlaufzeit benötigt und wir können in den nächsten Tagen und Wochen individuell damit beginnen.*

→ *Die 5 neu eingestellten Mitarbeiter haben grundsätzlich noch Defizite bei der Arbeit mit unseren Maschinen und den Arbeitsabläufen. Daher halte ich es für notwendig, dass sie ein Einarbeitungsprogramm durchlaufen, was bisher nicht stattfand, da zwischenzeitlich die Meisterstelle nicht besetzt war. Für die Zukunft ist daher ein verpflichtender Einarbeitungsplan für neue Mitarbeiter zu erstellen, damit Fehlbedienungen aufgrund von Kenntnislücken ausgeschlossen werden können.*

→ *Im Zusammenhang damit steht auch die nächste Maßnahme, die vorsieht, dass für alle Arbeiten an den Maschinen Arbeitsanweisungen geschrieben und an die Mitarbeiter ausgegeben werden. Somit können wir die Abläufe an den Maschinen standardisieren und sicherstellen, dass alle Mitarbeiter auf dem gleichen Kenntnisstand sind bzw. sich entsprechend informieren können. Dies kommt uns auch bei der Einarbeitung der neuen Mitarbeiter zugute, weshalb ich schon damit begonnen habe, die Arbeitsanweisungen zu schreiben.*

→ *Ein weiterer Vorschlag, der mit dem Bedienpersonal zusammenhängt, ist eine neue Verteilung und Flexibilisierung der Pausenzeiten. Die Mitarbeiter arbeiten z.T. 3,5h ohne Unterbrechung, bevor die 45-minütige Mittagspause beginnt. Dies kann dazu führen, dass Mitarbeiter einfach nicht mehr so aufmerksam und leistungsfähig sind. Eine bessere Verteilung der Arbeitszeit zwischen den Pausen und dem Arbeitsbeginn und -ende würde hier sicher helfen. Allerdings ist hierbei der Betriebsrat mitbestimmungspflichtig, weshalb die Maßnahme sicher nicht von heute auf morgen umzusetzen ist, man aber meiner Meinung nach auf jeden Fall darauf hinarbeiten sollte.*

Hinweis:

Wenn Sie an diesem Punkt das Schlagwort „training on the job" einstreuen, können Sie relativ sicher sein, dass Ihre Prüfer dieses Stichwort im anschließenden Fachgespräch aufgreifen und Sie danach befragen werden. Natürlich sollten Sie sich in diesem Themenfeld bestens auskennen.

4.1.5 Lösungsvorschläge zu Überbelastung der Produktionsmaschinen

AKTION:

Schreiben Sie nun die Karten mit Ihren Lösungsvorschlägen zu Überbelastung der Produktionsmaschinen

So könnten Ihre Karten der „Lösungsvorschläge zu Überbelastung der Produktionsmaschinen" aussehen:

Lösungsvorschläge

neue Maschinen

hochwertige Werkzeuge

3-Schichtbetrieb einführen

Was könnten Sie zu diesen Karten erzählen?

→ *Auf den folgenden Karten sehen Sie die Lösungsvorschläge zur Ursache Nummer 3, der Überlastung der Maschinen, um die Produktionszahlen erfüllen zu können.*

→ *Hierzu gibt es vor allem technische Maßnahmen.*

→ *Als erstes ist natürlich die Anschaffung von neuen, leistungsfähigeren Maschinen zu nennen. Wie Sie wissen, befinden sich in unserem Maschinenpark viele ältere Maschinen, die mit der Leistungsfähigkeit aktueller Modelle nicht mithalten können. Mit Neumaschinen würden wir die Kapazität erhöhen und könnten die Belastung der Maschinen reduzieren. Dies würde allerdings zu hohen Anschaffungskosten führen und eine strategische Veränderung bedeuten, was gut durchdacht sein muss. Daher würde ich dies nur als langfristige Maßnahme sehen, falls sich die Investition lohnt, was durchgerechnet werden müsste.*

→ *Der zweite Vorschlag ist der Einsatz von hochwertigeren Werkzeugen mit höheren Standzeiten. Da die aktuellen Werkzeuge zum Teil mit zu hohen Schnittwerten betrieben werden, um die Durchlaufzeiten zu verkürzen, kommt es hier des Öfteren zu Bruch und damit zu ungeplanten*

Ausfallzeiten. Die besseren Werkzeuge können kurzfristig beschafft werden und bedeuten keinen zu hohen Investitionsbedarf, deshalb empfehle ich diese Maßnahme umgehend einzuleiten.

→ *Als letztes schlage ich Ihnen in diesem Zusammenhang das 3-Schichtmodell vor, was die Maschinenbelegung natürlich deutlich entspannen würde. Die Maschinen könnten unterhalb der Leistungsgrenze betrieben werden und würden somit geschont. Da wir aktuell aber die Maschinen nicht auf 3 Schichten besetzen können, müssten hierfür weitere Mitarbeiter eingestellt werden. Da aufgrund der guten Wirtschaftslage und der stetig steigenden Nachfrage unserer Kunden auch langfristig mit einer hohen Auslastung unseres Betriebes zu rechnen ist, sollte diese Möglichkeit auf lange Sicht nicht außer Acht gelassen werden.*
Allerdings müssten wir hierzu erst das Einverständnis des Betriebsrates einholen und die Arbeitsverträge entsprechend prüfen und evtl. anpassen.

4.1.6 Fazit

Zum Abschluss Ihrer Präsentation sollten Sie noch ein Fazit ziehen. Sie können dies mündlich oder auch schriftlich tun. Wenn Sie sich für die schriftliche Variante entscheiden, bietet es sich an, z.B. für das Fazit eine „Wolke" zu verwenden.

Was könnten Sie zum Fazit Ihrer Präsentation erzählen?

→ *Natürlich stellen uns die hohen und in letzter Zeit stark gestiegenen Ausfallzeiten vor eine große Herausforderung, die wir schnell und erfolgreich meistern müssen.*

→ *Um die Leistung der Produktionsmaschinen und unserer Mitarbeiter wieder in vollem Umfang nutzen zu können, müssen wir kurzfristige, aber auch langfristige Maßnahmen umsetzen.*

→ *Ich bin mir sicher, dass wir insbesondere mit schnellen kurzfristigen Maßnahmen wie*
- *stückzahlabhängige vorbeugende Wartung,*
- *training on the job unserer Mitarbeiter,*
- *Einarbeitungsplänen für neue Mitarbeiter,*
- *Arbeitsanweisungen für Maschinenabläufe*
- *und der Anschaffung von hochwertigeren Werkzeugen*

→ *sowie mit langfristigen strategischen Maßnahmen wie*
- *Einstellung von weiteren Mitarbeitern in der Instandhaltung,*
- *der Anschaffung von neuen, leistungsfähigeren Maschinen, wenn sich die Investition lohnt*
- *und der Einführung des 3-Schichtmodells unter Aufstockung des Personalbestands bei den Maschinenbedienern*

→ *eine Minimierung der Ausfallzeiten unserer Produktionsmaschinen erreichen werden.*

Hinweis:

Bitte beim Abschluss nur noch die Punkte auf der Metaplanwand vorlesen und nichts mehr dazu sagen. Sie haben alles schon vorne erzählt. Die Zusammenfassung muss kurz und knapp gehalten werden, sonst wirkt sich das negativ auf Ihre Prüfungsnote aus. Denn am besten behält man sich das, was als Letztes kommt, und dies sollte daher professionell klingen.

Um Ihr Fazit zu untermauern, könnten Sie nun noch eine Karte in Wolkenform an die Metaplan wand heften, auf der „Wir schaffen das!" steht.

AKTION:

Überlegen Sie sich noch einen Abschlusshinweis.

Z. B. bedanken Sie sich noch bei der Geschäftsführung für das Zuhören und bieten Sie an, dass Sie jetzt gerne ihre Fragen beantworten werden.

Es ist wichtig, dass Sie auf die **Fragen** nun **hinweisen**, da Sie dadurch direkt zu den Fachgesprächsfragen übergehen und folglich in Ihrer Rolle als Meister bleiben. Schließen Sie gedanklich jetzt nicht mit Ihrer Rolle ab, sondern **bleiben Sie in Ihrer Meisterrolle** nun auch im Fachgespräch.

Was könnten Sie zum Abschluss sagen?

→ *Ich bedanke mich für Ihr aufmerksames Zuhören. Gerne beantworte ich jetzt Ihre Fragen.*

oder

→ *Vielen Dank für Ihre Aufmerksamkeit. Gerne beantworte ich nun Ihre Fragen zum vorgestellten Konzept.*

4.2 Präsentation

Nach der Vorbereitungszeit von 30 Minuten, in der Sie sich gedanklich alles durchgespielt und die Karten gestaltet haben, werden Sie von einem Prüfungsausschussmitglied oder einem Mitarbeiter der IHK-Prüfungsabteilung in den **Prüfungsraum** gebeten.

Nehmen Sie Ihre beschriebenen Metaplankarten in sachlogischer Reihenfolge mit.

BEACHTE!

→ Beginnen Sie **nicht** übereilt Ihre Präsentation! Bewahren Sie Ruhe und finden Sie sich erst im Prüfungsraum zurecht.

→ Bereiten Sie, **bevor** Sie mit Ihrer Präsentation beginnen, zuerst in Ruhe Ihre Metaplanwände vor.

Wichtig:

Pinnen Sie die Überschriftskarten als visualisierte Grobstruktur sichtbar an.

Ihre **weiteren Metaplankarten** können Sie wahlweise ...

1. an der passenden Stelle **umgedreht, also verdeckt,** anpinnen. Während der Präsentation drehen Sie dann die verdeckt hängende Karte um und pinnen sie an der richtigen Stelle auf der Metaplanwand sichtbar an. Alternativ pinnen Sie zuerst die Karte an und erläutern dann erst den Inhalt.
2. in der richtigen Reihenfolge auf einen **extra bereitgestellten Tisch ablegen**, sodass die Struktur Ihrer Präsentation übersichtlich vor Ihnen ausgebreitet ist. Während der Präsentation nehmen Sie die entsprechende Karte vom Tisch, geben einige Informationen zur Karte und pinnen sie an. Oder Sie pinnen die Karte an und erläutern dann erst Informationen dazu.
3. in der zu präsentierenden Reihenfolge **in der Hand behalten**. Diese pinnen Sie dann während Ihrer Präsentation an, wenn Sie einige Informationen zur Karte gegeben haben. Dabei besteht die Möglichkeit, sich Notizen auf die Rückseite der Karte zu schreiben.

Natürlich sind die Prüfer mit im Raum und schauen Ihnen eventuell bei Ihrer Vorbereitung zu, lassen Sie sich aber davon nicht stören. Erst wenn Ihre Pinnwände zu Ihrer Zufriedenheit vorbereitet sind, geben Sie den Prüfern Bescheid, dass Sie nun soweit sind und Ihre Prüfung, also die Präsentation, nun beginnen kann. Die Präsentationszeit beginnt erst jetzt zu laufen.

AKTION:

Pinnen Sie die Wolkenkarte bzw. die weiße, große Themenkarte und die großen hellroten Überschriften „Ist-Situation" und „Lösungsvorschläge" als visualisierte Grobstruktur sichtbar an.

Die Metaplanwand könnte nun aussehen wie in der **Abbildung Metaplanwand 1** auf der folgenden Seite gezeigt.

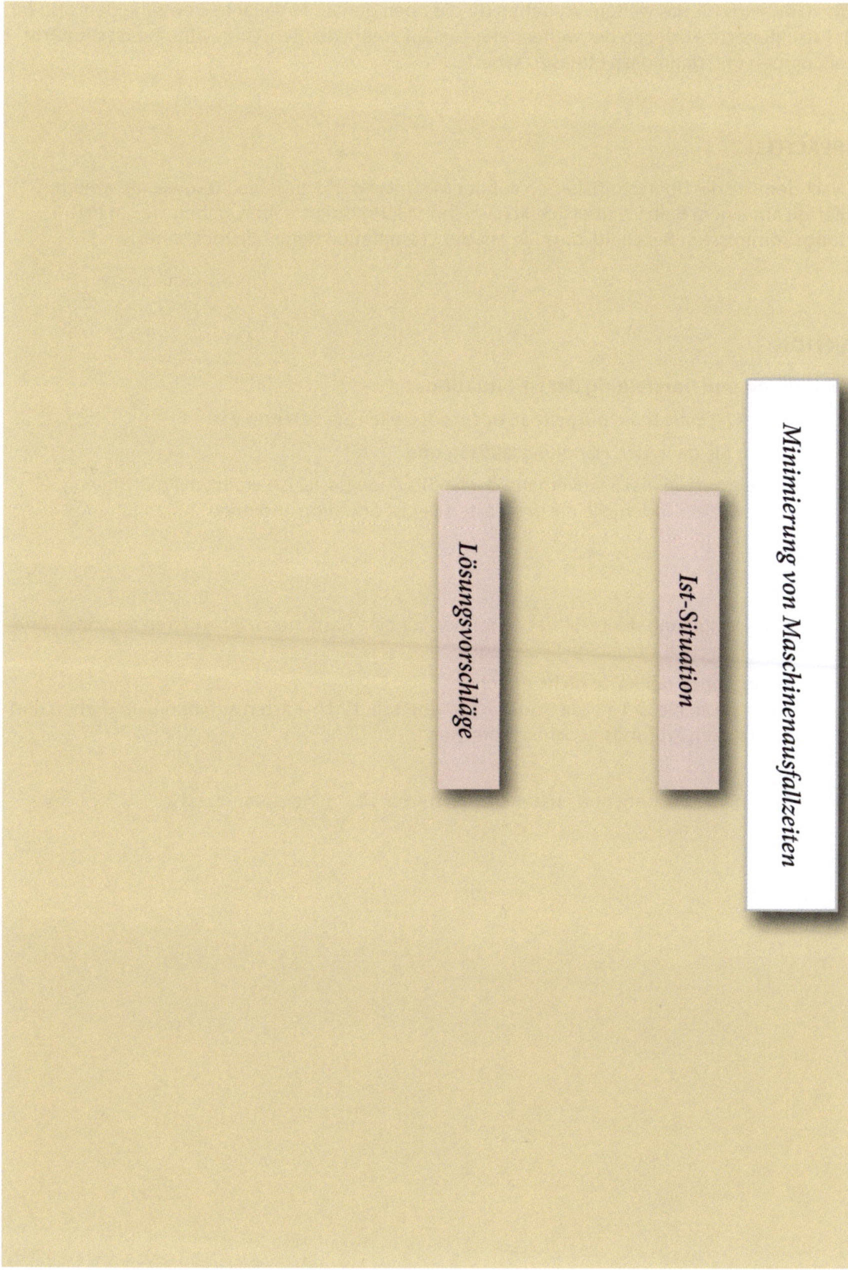

Metaplanwand 1: Vorbereitete Metaplanwand zu Beginn Ihrer Präsentation

Wie haben uns für das weitere Vorgehen für die oben genannte Variante 2 entschieden, also für das strukturierte Auslegen der weiteren Karten auf einem Beltisch. Und dafür, zuerst die Karte anzupinnen und dann dazu etwas zu sagen.

BEACHTE!

Nachdem Sie die Überschriftskarten auf der Metaplanwand angebracht sowie die weiteren Karten auf einem Beitisch übersichtlich vor Ihnen strukturiert haben, geben Sie der **Prüfungskommission Bescheid**, dass Sie mit der Präsentation beginnen möchten.

AKTION:

Vorstellung und Darstellung der Ist-Situation.

- Wie in *„4.1.1 Einleitung" auf Seite 66* erläutert, stellen Sie sich nun vor.
- Erläutern Sie dann den Handlungsauftrag **und**
- gehen Sie auf die drei Sachverhalte der Ist-Situation (*„4.1.2 Ist-Situation (Problemanalyse)" auf Seite 69*) ein, indem Sie die drei Karten der Ist-Situation anpinnen.

Hinweise:

- Bei der Darstellung der Ist-Situation immer nur eine Karte nach der anderen anpinnen und dazwischen zur Karte einige Sätze sagen.
- Beim Anpinnen der Karte **nicht** sprechen.
  Denken Sie an die „**3-T-Regel (touch, turn und talk)**", d.h. Karten anpinnen, umdrehen und dann erst zum Prüfungsausschuss sprechen.

Die Metaplanwand könnte nun aussehen wie in **Abbildung Metaplanwand 2**.

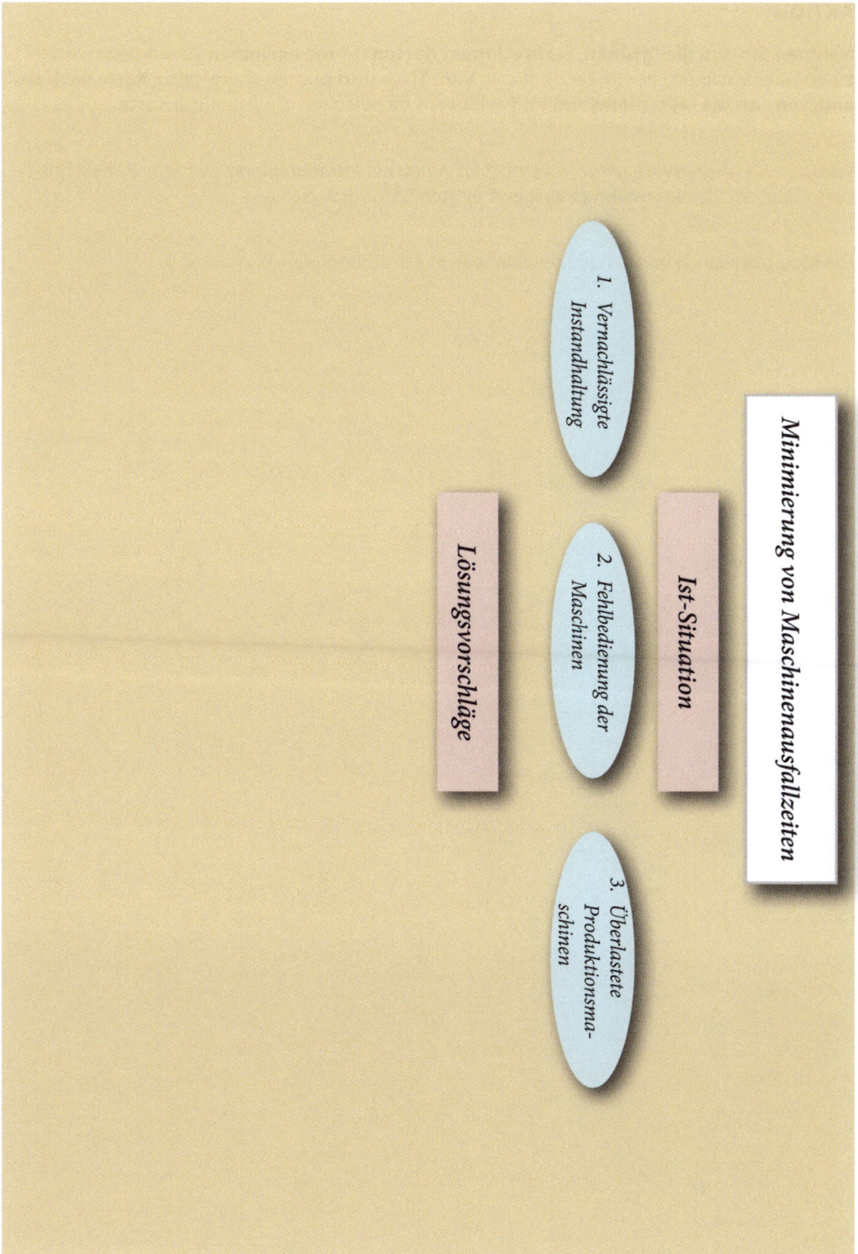

Metaplanwand 2: Darstellung der Ist-Situation

AKTION:

Nehmen Sie nun die (grünen, rechteckigen) Karten für die einzelnen Lösungsvorschläge **zu** Vernachlässigung der Instandhaltung **vom Tisch und pinnen diese - eine Karte nach der anderen - an die Metaplanwand und erläutern dazwischen die jeweilige Karte.**

Wie in *„4.1.3 Lösungsvorschläge zu Vernachlässigung der Instandhaltung" auf Seite 70* beschrieben, erläutern Sie die von Ihnen ausgearbeiteten Lösungsvorschläge.

Die Metaplanwand könnte nun aussehen wie in **Abbildung Metaplanwand 3**.

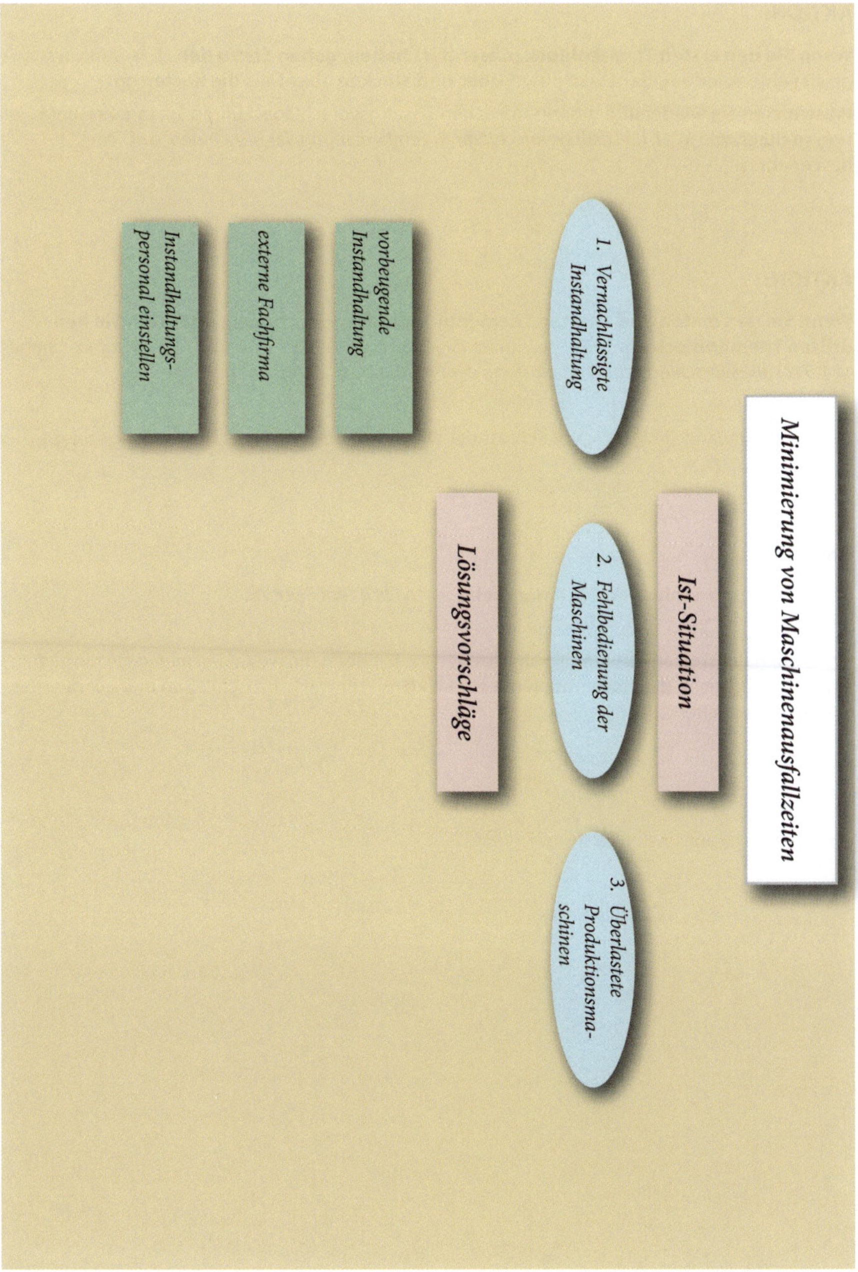

Metaplanwand 3: Karten für ersten Lösungsvorschlag sind angepinnt

AKTION:

Wenn Sie den ersten Themenblock präsentiert haben, gehen Sie zu den „Lösungsvorschläge zu Fehlbedienung der Maschinen" über und stecken ebenfalls die Karten an.

Präsentieren Sie wieder Ihre organisatorischen Lösungsvorschläge. Führen Sie Ihre Präsentation so durch wie in *„4.1.4 Lösungsvorschläge zu Fehlbedienung der Maschinen" auf Seite 72* beschrieben.

AKTION:

Wenn Sie den ersten und zweiten Themenblock präsentiert haben, erläutern Sie den dritten Themenblock der „Lösungsvorschläge zu überlastete Produktionsmaschinen" siehe *„4.1.5 Lösungsvorschläge zu Überbelastung der Produktionsmaschinen" auf Seite 74*.

Die Metaplanwand stellt sich zum Schluss dar wie in **Abbildung Metaplanwand 4** gezeigt.

AKTION:

Stellen Sie zum Schluss Ihr Fazit dar, siehe *„4.1.6 Fazit" auf Seite 75*.

Sie können die Wolkenkarte mit Ihrem Fazit jetzt z. B. neben die weiße Themenkarte pinnen. Vergessen Sie nicht, die Präsentation mit einem klaren Hinweis abzuschließen und auf die Fragen überzuleiten.

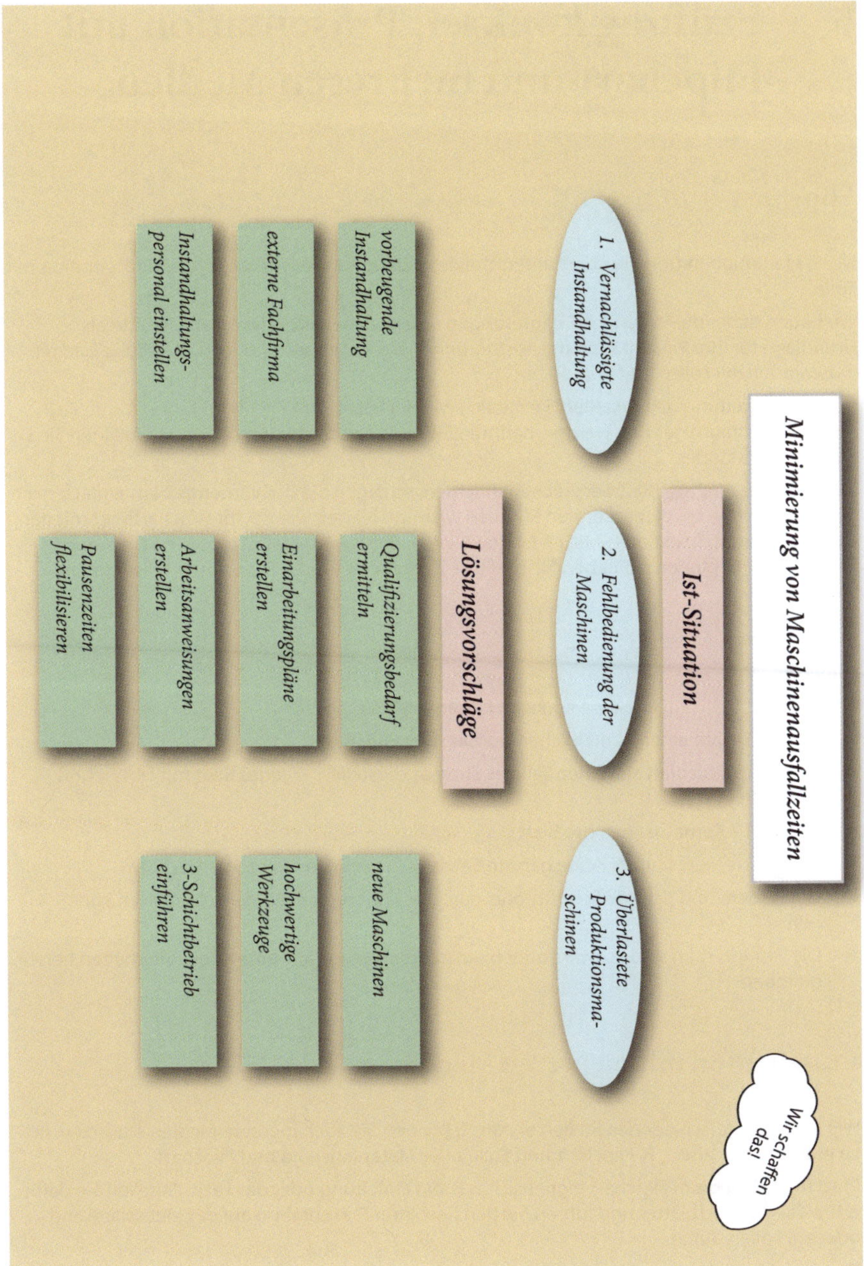

Metaplanwand 4: Alle Karten sind angepinnt

5 Prüfung konkret: Präsentation mit Flipchart und mehreren Medien

Flipchart

Die Präsentation mittels Flipchart unterscheidet sich nur unwesentlich von der Präsentation mit Folie.

Wir haben daher die folgenden Erläuterungen sehr kurz gehalten. Nehmen Sie bitte als Grundlage für Ihre Präsentation die Ausführungen zur Foliengestaltung in *„3 Prüfung konkret: Präsentation mit Folien" auf Seite 50*.

In der Vorbereitungszeit erstellen Sie ähnlich wie bei Folien Ihre Flipchartblätter. Wenn Sie in den Prüfungsraum gerufen werden, nehmen Sie Ihre Flipchartblätter mit und befestigen Sie sie am Flipchartständer.

Wenn Sie das nächste Blatt besprechen möchten, schlagen Sie das vorherige Blatt einfach nach hinten. Wenn Sie möchten, können Sie auch wichtige Blätter, wie z.B. Ihr Flipchartblatt mit der Übersicht der Ist-Situation (siehe *„3.1.2 Ist-Situation (Problemanalyse)" auf Seite 54*) an eine Metaplanwand pinnen. So haben Sie und Ihre Zuhörer den roten Faden Ihrer Präsentation immer im Blick.

Hinweis:

Beachten Sie beim Einsatz des Flipcharts folgende Tipps:

- Achten Sie auf einen einheitlichen Aufbau aller Flipcharts
- Jedes Flipchartblatt soll einen Teil des Themas darstellen → jedes Blatt mit Überschrift versehen
- Maximal 7 Kernaussagen pro Blatt
- Stichworte, kurz halten: Keine ganzen Sätze, kein Fließtext, nicht überfrachten
- Gut lesbare und richtige Schriftgröße, d.h., die „Zuhörer" sollen die Schrift lesen können
- Die Grundfarben sind schwarz oder blau; mit rot oder grün werden Besonderheiten hervorgehoben

Präsentation mit mehreren Medien

Wie schon an verschiedenen Stellen erwähnt, können Sie auch mehrere Medien einsetzen, um zu präsentieren, also z. B. Flipchart und Folie oder Metaplanwand und Flipchart.

Ideal für das Medium Flipchart eignet sich z. B. die Einleitung oder das Fazit. Erstellen Sie dafür z. B. zwei Flipchartblätter und führen Sie den Rest Ihrer Präsentation auf der Metaplanwand oder auf Folien durch.

Dies lockert den Vortrag auf und zeigt dem Prüfungsausschuss Ihren souveränen Umgang mit den verschiedenen Medien.

Hinweis:

Manche IHK's fordern in ihrer Prüfungsordnung den **Einsatz von zwei Medien** in der Präsentation. Informieren Sie sich bei Ihrer Prüfungsabteilung darüber und nutzen Sie die eben angesprochene Kombination von Medien.

6 Fachgespräch

6.1 Allgemeines

Sie haben nun Ihre Präsentation beendet und den ersten Teil Ihres situationsbezogenen Fachgesprächs bewältigt.

Die Prüfungskommission hat Sie bisher nicht unterbrochen, aber hat sich Notizen zu Ihren Aussagen in der Präsentation gemacht.

Folgende typische Fragen stellt sich der Prüfungsausschuss während der Präsentation:

- Hat der Prüfungsteilnehmer die betrieblichen und wirtschaftlichen Zusammenhänge erkannt und richtig beurteilt?
- Hat der Prüfungsteilnehmer situationsgerechte Maßnahmen vorgeschlagen und deren Folgen richtig erkannt?
- Inwieweit hat der Prüfungsteilnehmer die Voraussetzungen für die Durchführung dieser Maßnahmen und die zu ihrer Auswahl notwendigen Informationen erkannt?
- Ist der Prüfungsteilnehmer bei der Lösung der Aufgabe sachlogisch vorgegangen?
- Hat der Prüfungsteilnehmer bei der Darstellung der Lösung sachgerecht Medien verwendet, wie Overhead, Flipchart, Metaplanwand, Tafel?
- Hat der Prüfungsteilnehmer die anderen Handlungsbereiche (z.B. Technik und Organisation) berücksichtigt?

Alle Fragen, die während der Präsentation aufgekommen sind, wird der Prüfungsausschuss nun im Fachgespräch stellen. Diese Fragen bilden die Grundlage für das Dialoggespräch zwischen Ihnen und der Prüfungskommission, welches **ca. 15 Minuten** dauert.

Hinweis:

Schwerpunktmäßig beziehen sich die Fragen der Prüfungskommission auf die **Themenbereiche „Personalführung, Personalentwicklung und Qualitätsmanagement“**. Allerdings können auch Fragen aus ergänzenden Themen des gesamten Rahmenplans gestellt werden.

BEACHTE

Es geht beim Dialoggespräch

1. um das Erläutern und Erörtern der Themenaussagen und Lösungen Ihrer Präsentation,
2. um weitergehende Erörterungen zum präsentierten Thema und
3. um Ergänzungsfragen aus den anderen Themenbereichen des Rahmenplans.

Im Dialoggespräch will man Ihre **Führungspersönlichkeit ganzheitlich und in Prozessen denkend überprüfen.**

Auch Ihre **Argumentationsfähigkeit** ist ein entscheidender Faktor der Bewertung. Also, verhalten Sie sich klug und verfallen Sie nicht in Rechthaberei.

6.2 Tipps zum Fachgespräch

- Lassen Sie den Prüfer bis zum Ende seiner Frage aussprechen und hören Sie aufmerksam zu.
- Plappern Sie nicht sofort drauflos, sondern überlegen Sie kurz, was Sie sagen wollen. Teilen Sie Daten und Fakten mit und nennen Sie konkrete Beispiele aus Ihrem Betriebsalltag.
- Wenn Sie eine Frage nicht verstehen oder nicht sofort eine Antwort parat haben, ist Nachfragen erlaubt. Z.B.:
  - → „Können Sie die Frage bitte wiederholen?"
  - → „Ich habe die Frage akustisch nicht verstanden."
  - → „Können Sie die Frage bitte noch einmal stellen?"
  - → „Bitte präzisieren Sie die Frage noch einmal." (Zumeist wird die Frage dann einfacher oder mit Beispielen gestellt und kann dann auch beantwortet werden. Dies kann aber auch von den Prüfern als Kritik verstanden werden.)
- Versuchen Sie den Prüfungsausschuss auf Themengebiete zu lenken, in denen Sie sicher sind. Dies können Sie sehr einfach durch Schlagwörter in der Präsentation erreichen, welche Sie zwar visualisiert, aber zu denen Sie wenig gesagt haben.
- Präzisieren Sie Ihre Antworten mit Zahlen, Daten und Fakten.
- Überlegen Sie sich Beispiele aus Ihrem Meisteralltag, die natürlich zu Ihrem „Fall" passen müssen.
- Benutzen Sie Fachwörter (fachliche Terminologie) wie z.B. KVP, Direktionsrecht, training on the job, Outsourcing aber nur, wenn Sie den Hintergrund kennen und bei Nachfrage der Prüfer auch erklären können und die Fachwörter in einer Situation angebracht sind.
- Betriebswirtschaftliche Argumentationen und Beispiele aus der Kostenplanung zeigen, dass Sie Ihre Führungssituation ganzheitlich beherrschen, denn als Führungskraft wird betriebswirtschaftliches Denken und Handeln erwartet.
- Zeigen Sie ein sicheres Auftreten, indem Sie bei Nachfragen präsentierte Folien oder Flipchartblätter noch einmal zeigen.
- Sprechen Sie in der „Ich-Form" und vermeiden Sie „man könnte" usw.
- Eine Hilfe ist es, wenn Sie sich Namen für „Beteiligte" ausdenken wie z.B. „mein Stellvertreter Herr Meier" oder „meine Vorgesetzte Frau Müller" usw.
  Eine Namensnennung vereinfacht Ihnen die Präsentation und das Dialoggespräch und erreicht ein einfaches Nachvollziehen für die Prüfungskommission.

7 Lerninhalte für diesen Handlungsauftrag

In diesem Kapitel haben wir Ihnen die **wichtigsten Lerninhalte** zusammengestellt, die Sie für die erfolgreiche Bewältigung der Präsentation und des Fachgesprächs für den Handlungsauftrag **Minimierung von Maschinenausfallzeiten** kennen sollten.

Wichtige Begriffe, die in unserem Lösungsvorschlag verwendet wurden, sind zudem in einem **Glossar** zusammengefasst. Diese Begriffe sind im Text unterstrichen dargestellt.

Weiterhin haben wir Ihnen einige allgemeine Techniken und Methoden für den Industriemeister aufgelistet.

Hinweis:

Bedenken Sie, dass die Zeit, die für die Präsentation und für das Fachgespräch zur Verfügung stehen, relativ knapp sind. Sie brauchen daher die u.g. Punkte nicht in aller Tiefe zu beherrschen. Sie sollten Sie erläutern und in den Kontext einordnen können.

7.1 Wichtiges Wissen für die Präsentation

Nachdem Sie nun die Präsentation im Rahmen dieses Buches erarbeitet haben, fragen Sie sich vielleicht, welche Themen Sie im Vorfeld hätten lernen können, um diese Präsentation souverän zu meistern.

Überprüfen Sie, ob Sie Lücken in folgenden Themengebieten haben.

- Rechtliches Wissen z.B. zu Arbeitszeiten, Überstunden, Direktionsrecht, Pausenzeiten
- Personalentwicklungsmaßnahmen
- Personalbedarfsermittlung
- Vorgehen bei der Einarbeitung neuer Mitarbeiter, Einarbeitungsplan
- Fertigungstechnik (Werkzeugkunde)
- Personaleinsatzplanung
- Instandhaltungsarten, Instandhaltungsstrategie
- Delegation, Eisenhower-Prinzip, ABC-Analyse, Ishikawa
- Fremdvergabe
- Information und Kommunikation
- Qualitätssicherung
- Maschinenauslastung, Materialflussoptimierung
- KVP

Alle diese Themen wurden in Ihrer Weiterbildung zum Industriemeister IHK in den Fächern **Zusammenarbeit im Betrieb, Personalführung und Personalentwicklung** abgehandelt.

7.2 Mögliche Fragen im Fachgespräch

Im Fachgespräch werden die Prüfer im Normalfall Fragen stellen, die Themen aus Ihrer Präsentation aufgreifen. Machen Sie sich daher schon bei der Vorbereitung der Präsentation bewusst, dass Sie zu den einzelnen Punkten, besonders zu Ihren Lösungsvorschlägen, Fragen gestellt bekommen.

- Erklären Sie, was man unter training on the job versteht.
- Welche weiteren Möglichkeiten zur Qualifizierung und Schulung kennen sie noch?
- Welche verschiedenen Arten der Instandhaltung kennen Sie?
- Welche Probleme können bei der Einführung einer dritten Schicht auftreten?
- Was versteht man unter dem Direktionsrecht?
- In welchem Gesetz ist die Arbeitszeit geregelt?
- Welche Pausenzeiten schreibt das Gesetz vor?
- Wie ermitteln Sie den Personalbedarf für das 3-Schichtmodell?
- Wie gehen Sie vor, wenn Ihre Bedarfsermittlung ergibt, dass Sie neue Mitarbeiter einstellen müssen?
- Welches Mitspracherecht hat der Betriebsrat bei Neueinstellungen?
- Was verstehen Sie unter dem Begriff Amortisierung?
- Wie gehen Sie beim Erstellen von Wartungsplänen vor?
- Worauf müssen Sie achten, wenn Sie Arbeitsanweisungen für Ihre Mitarbeiter erstellen?
- Beschreiben Sie den Inhalt einer Arbeitsanweisung.
- Welche Werkzeugmaterialien würden Sie einsetzen, wenn Sie von hochwertigen Werkzeugen sprechen, z.B. bei einem Drehmeißel?
- Hätte man durch Einführung von KVP die Probleme im Vorfeld verhindern können?
- Welche Ziele verfolgt die Einarbeitung neuer Mitarbeiter?
- Was versteht man unter Standzeit bei Werkzeugen?

Und noch ein paar allgemeine Fragen:

- Welche Möglichkeiten gibt es um die Qualität von Produkten zu überwachen?
- Wie wirken sich Durchlaufzeiten auf den Verkaufspreis von Produkten aus?
- Was sind die Vor- und Nachteile bei der Fremdvergabe von Produktionsschritten?
- Erklären Sie, was Sie unter Management-by-Delegation verstehen.
- Bei der Delegation wird häufig das Eisenhower-Prinzip genannt. Bitte erläutern Sie dieses Prinzip im Hinblick auf die Delegation.
- Bei der Integration von neuen Mitarbeitern gibt es häufig Probleme. Was verstehen Sie unter dem Eisberg-Modell und unter Konfliktsymptomen?
- Welche Arten der Motivation gibt es?
- Welche Arten von befristeten Arbeitsverhältnissen gibt es?
- Erklären Sie, was die ABC-Analyse ist und nennen sie ein Anwendungsbeispiel.
- Warum ist es sinnvoll, mit Mitarbeitern Zielvereinbarungen zu treffen?
- Wie verhalten Sie sich als Meister in einem Konfliktgespräch mit einem Mitarbeiter?

7.3 Glossar

ABC-Analyse	Die ABC-Analyse ist ein betriebswirtschaftliches Mittel zur Planung und Entscheidungsfindung. Sie unterteilt Objekte oder Prozesse in drei Klassen von A-, B- und C-Objekten bzw. -Prozessen und gewichtet diese nach ihrem durchschnittlichen Anteil, mit dem Ziel, Prioritäten zu erkennen. Sie wird beispielsweise dazu verwendet, den Materialverbrauch nach Wertgrößen zu gruppieren.
Arbeitsanweisung	Eine Arbeitsanweisung stellt eine Vorgabe für einen genauen Prozess (-ablauf) dar. Sie schreibt vor, wie die arbeitsvertraglich geschuldete Leistung eines Arbeitnehmers generell oder im Einzelfall auszuführen ist. Arbeitsanweisungen → sichern einen reibungslosen, gleichbleibenden und einheitlichen Arbeitsablauf. → regeln die Aufgabenstellung, die Arbeitsmethode, den zeitlichen und räumlichen Arbeitsablauf mit Qualitätsvorgaben, die Verantwortlichkeiten sowie den Einsatz geeigneter und erforderlicher Arbeitsmittel.
Auslastung/ Maschinenauslastung	Die Maschinenauslastung wird definiert als Anteil der Maschinenlaufzeit an der Gesamtkapazität in Prozent. Maschinenauslastung = Maschinenlaufzeit : Gesamtkapazität x 100 Steigerung der Maschinenauslastung durch Optimierung von Produktionssteuerung, Produktionsinfrastruktur und Produktionsprozessen sowie durch qualifizierte und perfekt dimensionierte Mitarbeiter.
Delegation/ Delegierung	Unter Delegation versteht man das Übertragen von Kompetenz und Verantwortung auf Mitarbeiter und hierarchisch nachgeordneten organisatorischen Einheiten. → Delegation gilt als Methode der Personalentwicklung PE.
Direktionsrecht	Das Direktionsrecht ist das Recht des Arbeitgebers, die Arbeitspflicht des Arbeitnehmers nach Zeit, Inhalt und Ort zu konkretisieren und diesem bestimmte Arbeiten zuzuweisen, § 106 GewO. **Hinweis:** Eine Konkretisierung der Vertragspflichten liegt nur dann vor, wenn sich das Gesamtbild der Tätigkeit des Arbeitnehmers durch die Weisung nicht ändert.
Einarbeitungsplan	Ein Einarbeitungsplan ist ein systematisches Konzept zur Einarbeitung neuer Mitarbeiter im Unternehmen. Es regelt den inhaltlichen und den organisatorischen Rahmen und legt den zeitlichen Ablauf fest. Grundlage des Einarbeitungsplans ist die Stellenbeschreibung.

Eisenhower-Prinzip	Das Eisenhower-Prinzip ist ein einfaches, aber sehr effektives Hilfsmittel für die Einteilung in Dringendes und Wichtiges, in spätere Termine oder Delegation und um Unwichtiges von Wichtigem zu unterscheiden. Das Prinzip ist nach dem US-General und späteren Präsidenten Dwight D. Eisenhower benannt. Die Methode zeigt Prioritäten auf und ist vorrangig ein Führungsinstrument.
Fremdvergabe = Outsourcing	Fremdvergabe, oder auch Outsourcing genannt, bezeichnet in der Wirtschaft die Vergabe von bisher intern erbrachten Unternehmensaufgaben an externe Dienstleister/Firmen.
Instandhaltungsstrategie	Als Instandhaltungsstrategie bezeichnet man die Vorgehensweise des Managements zur Erreichung der Instandhaltungsziele. Instandhaltungsstrategien können in folgende Klassen unterteilt werden: 1. Vorbeugende Instandhaltungsstrategien, wie die vorausbestimmte und die zustandsorientierte Instandhaltung 2. Schadensabhängige Instandhaltungsstrategie („Feuerwehrstrategie“) 3. Prospektive Instandhaltungsstrategie
Kontinuierlicher Verbesserungsprozess (KVP)	Beim kontinuierlichen Verbesserungsprozess KVP überdenken die Mitarbeiter ihre eigene Arbeit ständig und streben nach Verbesserungen, die sie selbst bzw. zusammen mit dem Team umsetzen. → Nachhaltiger Prozess stetiger kleiner Verbesserungsschritte.
Standzeit (bei Werkzeugen)	Unter Standzeit bei Werkzeugen versteht man die Zeitdauer, in der man mit diesen ohne Unterbrechung arbeiten kann, bis erhebliche Verschleißerscheinungen auftreten.
Training on the job	Unter training on the job versteht man die Fortbildung und Qualifizierung von Mitarbeitern direkt an deren Arbeitsplatz während der Arbeitszeit. Vorteile hierbei sind insbesondere der direkte Praxisbezug und die hohe Flexibilität bei vergleichsweise geringen Kosten.

7.4 Techniken und Methoden für Industriemeister

Hier listen wir Techniken und Methoden auf, die Sie als Prüfling kennen und in der Prüfung gegebenenfalls anwenden sollten.

Überprüfen Sie, ob Sie diese Techniken und Methoden erläutern können.

Erhebungstechniken	■ Dokumentenanalyse ■ Fragebogen ■ Interview ■ Moderationstechnik ■ Beobachtung ■ Zeitaufnahmen, Zeitstudie ■ Multimomentaufnahme ■ Schätzmethoden ■ Qualifizierungsmatrix usw.
Analysetechniken	■ Ursachen - Wirkungs - Diagramm ■ ABC-Analyse ■ Fehler-Möglichkeits-Einfluss-Analyse FMEA ■ Risikoanalyse ■ Meilenstein-Trendanalyse
Management-Techniken	■ Management-Regelkreis ■ Total Productive Maintenance TPM ■ Organigramm ■ PTCA-Kreis ■ Eisenhower-Prinzip ■ Pareto ■ Rotationsprinzip ■ Management by Delegation MbD ■ Projektmanagement ■ Kontinuierlicher Verbesserungsprozess KVP ■ Meetings ■ Kommunikationsfluss ■ Management by Objectives MbO ■ Netzplantechnik ■ „Training on the job", „off the job", „near the job" etc.

Bewertungstechniken	■ Kosten-Nutzen-Bewertung ■ Kostenvergleichsrechnung ■ Nutzwertanalyse ■ Amortisationsrechnung ■ Benchmark ■ Portfolio
Kreativitätstechniken	■ Mind-Mapping ■ Brainstorming/Brainwriting ■ Morphologischer Kasten ■ Methode 635 ■ Progressive Abstraktion
Dokumentationstechniken	■ Stellenbeschreibung ■ Funktionendiagramm ■ Ablaufdiagramm ■ Organigramm ■ Folgeplan ■ Organisationsdatenbank

Teil III

Anhang

1 Kopiervorlage Folien/Flipcharts

Hier möchten wir Ihnen noch einmal alle ausgearbeiteten Folien ohne Erklärungen in einem größeren Format anbieten.

Sie können diese Seiten kopieren und für Übungszwecke verwenden. Präsentieren Sie z. B. vor Ihrer Lerngruppe oder Freunden und nutzen Sie dazu unsere vorbereiteten Folien.

Übung macht den Meister!

Ziel:

Minimierung von Maschinenausfallzeiten

1

Ist-Situation (Problemanalyse)

1. Vernachlässigung der Instandhaltung der Produktionsmaschinen aufgrund der steigenden Auslastung

2. Fehlbedienung der Maschinen durch überforderte Mitarbeiter und durch suboptimale Einarbeitung der neuen Mitarbeiter

3. Überlastung der Produktionsmaschinen, um hohe Stückzahlen zu erreichen

Lösungsvorschläge zu Vernachlässigung der Instandhaltung

- Anpassung der Instandhaltungsstrategie in stückzahlabhängige, vorbeugende Wartung
- Instandhaltung der Maschinen an eine externe Fachfirma vergeben
- Zusätzliches Instandhaltungspersonal einstellen

3

Lösungsvorschläge zu Fehlbedienung der Maschinen

- Qualifizierungsbedarf der Mitarbeiter ermitteln und ggf. Schulungen durchführen
- Einarbeitungspläne für neue Mitarbeiter erstellen
- Arbeitsanweisungen für alle Abläufe an den Maschinen erstellen
- Pausenzeiten besser verteilen, um Überbelastung zu verhindern

4

Lösungsvorschläge zu Überlastung der Produktionsmaschinen

- Ältere Maschinen durch neue, leistungsfähigere ersetzen
- Hochwertige Werkzeuge mit höheren Standzeiten einsetzen
- Einführung 3-Schichtbetrieb

5

Fazit

Wir schaffen das!

6

2 Kopiervorlage Ist-Situation und Lösungsvorschläge

Auf den folgenden Seiten stellen wir Ihnen eine Kopiervorlage zur Verfügung, in der Sie Ihre Ist-Situation und die Lösungsvorschläge zur Verbesserung eintragen können. Sie finden die Vorlage auch auf unserer Webseite **dickemann-weber.com/downloads**.

Ist-Situation			

Ist-Situation	Lösungsvorschläge